내일 지구

과 학 교 사 김 추 령 의 기 후 위 기 이 야 기

내일 지구

빨간소금

위기.

박쥐에서 천산갑으로 그리고 다시 인간으로 숙주를 갈아탄 코로나19 바이러스로 2020년 211만 명의 사망자가 발생했다.

2014년 세계보건기구(WHO)는 기후변화로 인한 영양실조, 열 스트레스, 말라리아와 같은 요인으로 2050년까지 매년 약 25만 명이 사망할 것으로 추정했다. 수치를 너무 적게 잡은 것이라는 말도 있었다. 지금부터 2050년까지 적게 잡아도 750만 명의 사망. 물론 인간보다 먼저 사라지고 있는 식물과 동물은 포함하지 않은 수치이다.

2020년 위기가 어떤 것인지 몸서리치게 경험했다. 이제 우리는 위기가 무엇인지 짐작할 수 있다. 과학자들은 입을 모아 기후변화로 이런 위기가 좀 더 광범위하고 좀 더 오랜 시간 이어질 것이라고 이야기한다.

물려받은 유산.

18세기 후반, 인류는 기적 같은 기술의 발전을 경험했다. 그것을 산업혁명이라 불렀고, 증기로 돌아가는 기적의 기관은 모든 동력을 대체하며 지각 속에서 긴 잠을 자던 석탄을 대량으로 연소하기 시작했다. 대기 중에 빠르게, 과도하게 쌓인 온실가스는 오늘 지구 행성의 기후를 결정했다. 그리고 다시 오늘의 별빛을 삼키며 빛나고 있는 인류 문명의 불빛은, 내일 지구 행성의 기후를 결정하고 있다. 과거로부터 오늘 그리고 내일로 대물림하는 인류 문명 발전의 유산은, 오늘 그리고 내일의 인류 모두에게 상속되는 무거운 짐이다.

급변점.

오늘, 이미 내일이 결정지어진 행성 지구는 기후위기라는 언덕의 꼭대기로 쫓기고 있다. 언덕의 꼭대기에서 자칫 한순간에 아래로 곤두박질칠 수도 있다. 추락하는 지구 행성은, 2020년 우리가 경험했던 위기가 일상이 되는 세상일 것이다.

지금 우리에게는 사명처럼 주어진 일이 있다. 지구 행성을 급변점의 언덕 꼭대기로 올라가지 않게 하는 일이다. 행성 지구를 이

해해보자. 바다, 숲, 빙하, 산호가 왜 위기의 알람을 울리고 있을까. 그 안에 무수히 얽혀 있는 되먹임의 과정들을 보자. 급변점이라는 언덕도 이해해보자.

위기의 순간에 빛나던 연대의 행동을 기억하고 있다.

119대원들과 의료진들에게 보내진 많은 응원과 위로의 메시지들, 이웃을 위해 자신을 스스로 격리하던 또 다른 이웃들, 임대료를 내리고 마스크를 나누던 이웃들, 바이러스 연구에 박차를 가하고 대중과 먼저 소통하기 위해 그 성과를 실시간으로 나누던 과학자 집단들. 위기 속에서 공동체가 부활하고 연대의 힘이 빛났다. 그리고 위기 앞에서 우리는 비로소 이웃의 얼굴을 보았다. 그런 '바라봄'의 눈길로 행성 지구를 바라보자. 과학을 방편으로 식물과 동물 그리고 모든 무생물을 포함한 우리 이웃의 얼굴을 바라보자. 제대로 바라보는 순간 우리의 실천은 이미 시작된 것이다.

곧 봄이 오려고 한다. 겨우내 여전히 매서운 바람이 불었지만 그 덕에 맑은 밤하늘에서 별을 보았다. 오랜 시간을 달려와 지금 빛나고 있는 과거의 별과 내일을 결정할 우리 이웃의 선한 연대의 힘이 같은 시간과 같은 장소에 버무려져 있다.

오늘, 내일의 지구 행성에서

김추령

차 례

되먹임(feedback)

초저녁 해가 진 서쪽 하늘, 혹은 해 뜰 녘 동쪽 하늘에 밝게 빛나는 천체가 있다. 흐린 날에도, 밝은 도심에서도 빛을 잃지 않는다. 그 천체는 밝고 아름답다고 해서 미의 여신 '비너스(Venus)'의 이름을 땄다. 흰색으로 밝게 반짝인다고 해서 '태백성(太白星)'이라고도 부른다. 저녁 나절 누렁이 밥 줄 때쯤 보인다고 '개밥바라기'라고도 하고, 새벽에 갓 태어난 것처럼 빛난다고 해서 '샛별'이라고도 부른다. 그 천체는 우리 태양계의 두 번째 행성인 금성이다.

많은 찬사를 받는 이 천체의 아름다움 뒤에는 혹독함이 있다. 금성의 대기가 누르는 압력이 지구의 90배나 된다. 금성 표면의 평균 온도는 거의 500℃. 금성의 대기는 매우 뜨겁고 매우 무겁다. 납을 녹일 수 있을 정도로 뜨겁고, 800m 깊이의 바닷속에 들어간 것처럼 무겁다. 금성 표면의 모든 물은 증발되어 어디에서도 찾아볼 수 없다. 물이 있었다는 희미한 흔적이라곤 대기 중에 남아 있는 아주 적은 양의 수증기뿐이다. 게다가 대기의 대부분이 짙은 이산화탄소로 이루어져 있고 그 위를 황산구름이 덮고 있다. 이러한 탓에 70% 가까이 태양 빛을 반사한다. 금성은 아름답지만, 죽은 행성이다. 생명체가 살아남기에는 너무 가혹한 환경이다.

금성이 처음부터 이런 환경을 갖고 있었던 것은 아니다. 금성은 지구의 다른 형제 행성들과 함께 만들어졌다. 특히 금성은 지구와 남매 행성으로 불릴 정도로, 크기나 중력 등 많은 부분이 비슷하다. 게다가 한때는 2,000m 깊이에 이르는 바다도 있었다. 그런데 금성은 왜 죽음의 행성이 되었을까? 바로 되먹임 현상이 일으킨 기후변화의 폭주 때문이다.

안타깝게도, 지구보다 태양에 조금 가까운 금성은 태양의 뜨거운 열기로 인해 땅과 바다에서 많은 양의 물이 증발되었다. 증발된 물은 아주 높은 곳까지 올라가서야 가까스로 온도가 떨어져 물로 응결될 수 있었다. 그러니 비로 내리다가도 다시 증발되었다. 또 물로 응결되지 못한 많은 수증기는 대기권에서 강력한 온실효과를 일으켰다. 온실효과는 금성이 내보내는 긴 파장의 열, 즉 적외선을 가두며 대기에 되먹임되어 기온을 더욱 올렸다. 이렇게 올라간 기온은 더 많은 양의 물을 증발시키고, 그 물속에 녹아 있던 이산화탄소를 대기권에 풀어놓았다. 여기서 다시 되먹임이 일어났다. 이제 기체 상태의 이산화탄소는 수증기와 함께 더 강력한 온실효과를 일으키며 더 많은 열을 가둔다. 그리고 온도가 더 많이 올라간 금성은 더 많은 물을 증발시키고, 더 많은 이산화탄소를 대기 중으로 풀어놓는다. 이렇게 금성의 기온을 높이는 온실효과의 되먹임은 몇 개의 요인들이 고리처럼 연결되어 무한히 반복되고 있다. 구간 반복 무한 재생 동영상처럼.

이 반복되는 되먹임 속에서 수증기와 높은 곳에서 응결된 물방울은 강력한 태양의 방사선에 의해 수소와 산소로 분해되었다. 그리고 가벼운 수소는 금성을 탈출해버렸다. 비가 내릴 수 있는 싹이 잘려나갔다. 무거운 이산화탄소만이 금성의 중력에 붙잡혀 금성에 남았다. 그리고 화산이 분화하며 방출된 황산 가스가 대기에 더해졌다. 금성은 이렇게 온실 기체인 이산화탄소의 되먹임에 의해 온실효과의 폭주가 일어났고, 죽음의 행성으로 처연하게 빛나게 되었다.

하나의 현상이 다른 현상을 일으키고, 두 번째 현상은 다시 첫 번째 현상에 영향을 주어 스스로 증폭하는 되먹임을 '양의 되먹임' 현상이라고 한다. 지구는 절묘한 시스템이다. 지구의 모든 곳들과 모든 것들은 서로서로 영향을 주고받는다. 또 그 시스템 안에서 지구도 금성처럼 기후에 영향을 주는 요소들이 스스로 증폭하는 되먹임 과정을 밟는다. 지구 행성을 구성하는 여러 곳에서 강력한 되먹임들이 관측되고 있다. 북극에서는 올라간 기온으로 바다 위의 얼음이 녹는다. 태양 빛을 반사하는 능력이 큰 얼음이 줄어들면 기온은 더 올라가게 된다. 이제 다시 올라간 기온으로

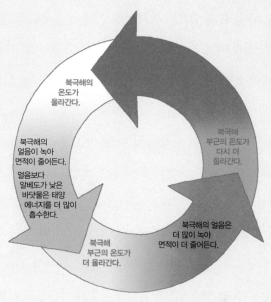

북극해의
온도가
올라간다.

북극해의
얼음이 녹아
면적이 줄어든다.
얼음보다
알베도가 낮은
바닷물은 태양
에너지를 더 많이
흡수한다.

북극해
부근의 온도가
더 올라간다.

북극해의 얼음은
더 많이 녹아
면적이 더 줄어든다.

북극해
부근의 온도가
다시 더
올라간다.

• 북극해에서 일어나는 양의 피드백

얼음은 더 빨리 더 많이 녹는다. 다시 기온이 올라가고 또 얼음이
녹아내린다. 숲에서는 올라간 기온으로 가뭄이 빈번하게 일어난
다. 가뭄은 산불을 일으키고 산불은 대기 중에 대량의 이산화탄소
를 내보낸다. 온실효과는 더 강력해지고 가뭄도 더 심해진다. 산
불은 더 빈번하게 일어나고, 나무가 자라며 가두어두었던 탄소를
다시 대기 중으로 내보낸다. 날은 점점 더 가물게 된다. 고위도의
영구동토층에는 분해되지 않은 많은 유기물과 메테인 가스가 갇
혀 있다. 지구의 기온이 올라가면 영구동토층이 녹으면서 대기 중
으로 메테인 가스가 방출된다. 강력한 온실효과가 일어나고 지구
의 기온은 더 올라간다. 영구동토층은 더 많이 녹고 더 많은 양의

메테인 가스가 대기 중으로 풀려난다. 지구의 기온은 더 많이 올라간다. 이렇게 해서 '점점 더' 스스로 증폭하는 현상이 일어난다.

기후변화가 일어나는 지금도 이 되먹임 고리는 지구 시스템의 여러 곳에서 다양한 요인들이 꼬리를 물고 연결되어 영향을 끼치고 있다. 우리는 단순히 차량이 몇 대 증가했다, 그래서 대기 중으로 방출되는 이산화탄소 양이 얼마 늘어났으므로 그것에 비례해서 기온이 이 정도 오르겠다고 이야기할 수 없다. 기후변화에 따른 지구의 기온은 우리가 배출한 이산화탄소만큼만 올라가는 것이 아니다. 브레이크가 고장 난 기관차가 폭주하듯이, 되먹임하며 스스로 증폭해 인간이 배출한 책임 이상으로 기온을 올린다. 많은 기후 과학자들이 이런 되먹임 요소들과 그들의 관계를 완벽하게 구현하는 기후변화 모델을 만들려고 노력하고 있다. 하지만 아직도 우리가 알아채지 못하는 지구계의 복잡한 관계와 되먹임 고리가 많다.

급변점(Tipping Point)

"젠가! 젠가! 젠가!" 아이들이 책상을 두드리며, 친구가 젠가 도막을 빼내길 기다리고 있다. 18층으로 시작한 젠가는 이미 25층이 되어 있고, 거의 모든 층이 한 개 또는 두 개씩의 이가 빠진 채로 위태위태해 보인다. 젠가를 이리저리 살펴보던 아이는 가장 안정적으로 보이는 나무 도막을 빼내려 시도하고 있다. 툭 툭, 짧게, 하지만 힘 있게 몇 번쯤 젠가 도막을 쳤다. 그러곤 결심한 듯 좀 더 힘을 모아 그 도막을 쳤다. 순간 나무 도막이 빠지며 젠가가 약간 기우뚱하긴 했지만 곧 안정을 찾는 듯했다. 그러나 정말 짧은 순간 젠가 탑 전체가 와르르 무너져버렸다.

이 젠가 놀이 과정을 살펴보며 급변점을 이해해보자. 우선, 작은 변화들이 지속적으로 일어나고 있다. 그러나 전체는 여전히 유지된다. 그러다 다시 이전과 동일한 작은 변화가 일어난다. 그러나 이번엔 전체가 붕괴되어버린다. 두 번째, 붕괴가 일어나면 게임은 끝이 난다. 돌이킬 수 없다. 한 번만 물러달라고 떼를 쓸 수도 없다. 세 번째, 마지막 변화는 이전 것과 크게 다르지 않았으나 원인보다 더 큰 값의 변화가 빠른 속도로 발생한다. 네 번째, 원인 행위를 제거한다 해도 한번 일어난 변화는 제자리로 돌아오지 않는다.

다시 젠가 탑을 쌓는 시간과 에너지가 필요하게 되고, 이것은 초기 상태의 규모나 특징에 따라 상당한 시간이 요구되기도 하고 아예 영구적으로 불가능하기도 하다.

이것은 기후학자들이 이야기하는 급변점의 특징이다. 급변점은 작은 변화로 인해 극적인 변화가 일어나고, 이것이 폭발적으로 퍼지는 순간을 말한다. 경제학, 생물학, 물리학 등 여러 영역에서 티핑포인트, 문턱값, 임계점, 역치 등으로 부르고 있다.

2015년 파리협정이 체결되었다. 지구의 온도 상승을 산업화 이전과 비교해 2℃보다 훨씬 아래(well below)로 유지하되, 되도록이면 1.5℃까지 제한하도록 노력한다는 것이 주요 내용이다. 기후변화의 과학적 근거와 대책을 마련하기 위해 조직된 과학자들의 집단인 기후변화에관한정부간협의체(IPCC)에서는 일찍이 20년 전, 지구 평균 기온이 산업화 이전보다 5℃ 높아지면 급변점에 도달할 것이라고 예측했다. 그러나 이것은 너무 안일한 생각이었다. 2018년 송도에서 IPCC 1.5℃ 특별보고서가 만들어졌다. 왜 1.5℃를 지켜내야 하는지 그리고 그 목표는 어떻게 해야 가능한지를 밝힌 보고서이다.

1.5℃는 '젠가'를 무너뜨리지 않기 위한 최소한의 목표이다. 이미 지구의 기온은 상승했고, 앞으로도 꾸준히 상승할 것이다. 지금과 같은 속도로 대기 중 탄소가 증가한다면 앞으로 10년 혹은 20년 뒤에는 산업화 이전보다 1.5℃를 넘는 기온 상승이 거의 확

실하다. 그리고 그 온도에 도달했다는 것은 돌이킬 수 없는 일이 일어난다는 뜻이다.

2019년 말 과학 잡지 〈네이처〉는 지구에서 급변점을 앞당길 수 있는 위험한 생태계 몇 군데를 선정했다. 아마존 열대우림, 북극 바다의 얼음, 대서양 심층 순환, 아한대 숲, 산호초, 그린란드 대륙의 빙상, 영구동토층, 서남극의 빙상과 남극 동부의 분지. 아직 불확실한 부분이 있는 것도 사실이지만, 돌이킬 수 없는 상황이 시작되는 그곳, 그 시간, 그 상황인 급변점이 멀지 않았다는 경고가 여기저기에서 시끄럽게 울리고 있다. 그 알람 소리가 단지 경고만으로 끝나길 희망한다. 하지만 어떤 과학자는 2019년 오스트레일리아의 산불이 급변점이 이미 시작된 증거라고 주장했다.

탄소예산

인간사회는 기계를 돌리기 시작하면서 탄소에 지나치게 의존하는 산업 환경을 갖게 되었다. 기계는 저절로 돌아가지 않는다. 사회를 유지하고 이윤을 얻기 위해서는 기계를 돌리고 상품을 생산하고 운송하는 시스템이 멈추지 않아야 한다. 탄소와 수소의 화합물인 석유나 석탄 혹은 천연가스를 에너지로 연소시켜야 기계가 돌아간다. 탄소는 티라노사우루스의 몸 안에도 있었고, 지금 내 몸 안에도 있다. 하늘에도 바위에도 바다에도 나무에도 석탄에도

CO₂ emissions [tonnes/sec]

1'331

time left until CO₂ budget depleted
year month day hour min sec
6 10 26 1 27 50 04

CO₂ budget left [tonnes]
289'781'141'151

2021년 2월 6일 현재

• 탄소예산 시계. 기온 상승을 1.5℃로 억제하기 위해 넘지 말아야 하는 남은 탄소 배출 총량을 탄소예산이라고 부른다. 일종의 통장에 남아 있는 잔액과 같은 개념이다. 2050년까지 숲, 바다 등에서 흡수하는 양을 고려하여 탄소의 순배출량 0을 만들어야 1.5℃ 이내로 상승을 억제할 수 있다. 지구 기온 1.5℃ 이내로 상승을 억제하기 위해 남은 탄소예산과 그것을 소비하기까지 걸리는 남은 시간 6년 10개월 26일 1시간 27분 50초.

있다. 심지어 우리가 먹는 밥에도 있다. 티라노사우루스가 살던 시대에 지구에 있던 탄소의 총량과 지금 우리가 살고 있는 지구의 탄소 총량은 같다. 탄소는 항상 지구 안에서 자연스럽게 순환한다. 그런데 산업혁명 이후 탄소의 자연적인 순환에 산업적인 순환의 속도가 더해졌다. 산업화 이전 280ppm이던 대기 중 탄소 농도는 현재 400ppm을 가볍게 넘어서고 있다. 이것은 호모사피엔스가 지구에 등장한 이후 가장 높은 수치이다.

기후위기를 피하려면 지구의 기온이 넘어서는 안 되는 선이 있다. 그 선을 지키기 위해서는 특정 양 이상의 탄소를 방출하지 말아야 한다. 탄소 배출은 전 세계 어느 곳에서나 일어나며, 지구 전체 대기에 영향을 끼친다. 따라서 '특정 양'이 곧 우리 모두가 공유해야 하는 배출량이고, 전 세계의 탄소예산이다. 더 이상 어쩔 수 없는 기후파국에 갇히지 않기 위해 이 제한된 배출량을 지켜야 한다. 어디에, 어떻게, 누가 얼마만큼 써야 할까?

수학자와 과학자들이 많은 데이터를 모아서 계산한 결과, 우리가 사용할 수 있는 탄소예산(2018년 기준)은 420~580Gt(기가 톤)이다. 2019년 전 세계는 약 43Gt의 탄소를 배출했다. 탄소 배출량을 줄이지 않고 이대로 배출한다면, 2021년 오늘 남아 있는 시간은 대략 7~11년이다. 우리가 온실가스 배출량을 줄인다고 해도 온난화를 억제할 수 있는 확률은 고작 50~60%이다. 기후는 매우 불확실하고 복잡하다. 기술의 발전, 정치적 상황, 사회적 분위기 그리고 지구가 어떻게 반응할지 밝혀지지 않은 부분의 불확실성. 이런 것들이 복잡하게 얽혀 결정되는 것이 기후이다. 물론 이런 예측을 하기 위해 만든 모델에는 급변점에 도달해, 이후 폭주할 기후변화에 대한 부분은 반영하지 못하고 있다.

200년 동안의 여정

이산화탄소의 온실효과를 최초로 증명한
유니스 뉴턴 푸트에 관한 영화 〈유니스〉의 한 장면을 그렸다.

역사가 된
기후변화

또 이 계절이 떠나고 다음 계절이 방문한다. 계절은 다양한 날씨와 함께 찾아온다. 물을 기다리는 식물이 축 늘어질 무렵 때맞춰 내리는 비에 안도한다. 모든 것이 떠나갔다고 느끼는 겨울이 오면, 옷은 두꺼워지고 한낮의 부족한 온기에 떠나간 계절을 몸이 먼저 그리워한다. 행성 지구에서의 삶은 변화하는 날씨에 적응하는 일의 연속이다.

그런데 언제부턴가 날씨 앞에 숫자가 붙기 시작했다. 100년 만에 처음인 폭염, 100년 만에 처음 겪는 한파, 100년 만에 처음 찾아온 거대 태풍, 사상 처음 50일이 넘는 장마. 적응하기엔 그 변화의 폭이 너무 크다. 우리는 이렇게 큰 숫자가 붙은 날씨들의 행진을 '기후변화'라고 부르기 시작했다. 그리고 곧 기후변화는 일상 언어가 되었다.

돌아보면, 기후변화를 사실로 받아들이기까지 무려 200여 년이 걸렸다. 200년 전 태양과 지구의 거리를 측정하는 유일한 방법은, 금성이 태양 앞을 지나며 가리는 일식 현상인 금성의 태양면 통과 현상을 이용하는 것이었다. 거리를 알고 있는 멀리 떨어진 지구상의 두 지역에서 금성이 태양면을 통과하기 시작하는 시각과 끝나는 시각, 그리고 금성이 태양면에서 관측되는 지점을 각각 측정한다. 그 관측 값을 이용해 지구와 태양 사이의 거리를 계산한다. 당시에는 이 방법이 천문학적 거리를 측정하는 유일한 방법이었다. 그래서 금성이 태양을 지나갈 즈음이면, 과학자들은 앞다투어 탐험대를 멀리 떨어진 두 지역으로 보내, 태양과 금성의 거리 혹은 태양과 지구의 거리를 좀 더 정확하게 측정하려고 노력했다.

　이렇게 측정한 태양과 지구의 거리에 비해 지구의 온도가 높다는 사실에 의문을 가진 과학자가 있었다. 조제프 푸리에(Jean

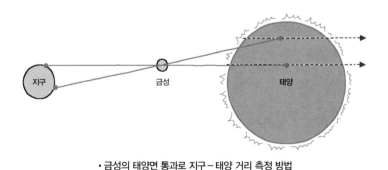

• 금성의 태양면 통과로 지구-태양 거리 측정 방법

Baptiste Joseph Baron Fourier, 1768~1830)다. 그는 뭔가 다른 요인이 지구의 온도를 높이고 있다고 추측했다.

태양에서 온 복사에너지는 지구의 대기를 쉽게 통과해 지구를 달군다. 달궈진 지구도 가만히 있지 않고 열을 복사한다. 지구복사에너지의 파장은 태양복사에너지의 파장과 다르다. 표면 온도가 매우 높은 태양에서 오는 복사에너지의 파장은 짧고, 온도가 낮은 지구에서 내보내는 복사에너지의 파장은 길다. 그렇다면 무언가가 파장이 짧은 태양복사에너지는 통과시키지만, 파장이 긴 지구복사에너지는 대기 밖으로 빠져나가지 못하게 하는 건 아닐까? 예를 들어 공기가 지구가 내보내는 열을 잡아두는 담요 같은 역할을 한다면?

온실효과를 최초로 증명한 유니스 푸트

그러나 당시에는 이 의문이 풀리지 않았다. 푸리에가 죽고 26년이나 지난 뒤 한 여성이 푸리에의 그 '담요'가 대기 중의 수증기와 이산화탄소라는 사실을 실험을 통해 밝혀냈다. 그동안 사람들은 이 사실을 최초로 발견한 과학자가 아일랜드의 존 틴들(John Tyndall, 1820~1893)이라고 알고 있었다. 2010년 한 은퇴한 지질학자가 도서관에서 어떤 여성의 논문을 발견하고, 그 논문의 발표

· 조제프 푸리에

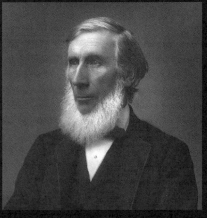

· 존 틴들

· 스반테 아레니우스

· 지금까지 유니스 푸트라고 밝혀진 사진이 없어 싣지 못했다.

시점이 틴들의 논문보다 3년이나 앞선다는 사실을 발견하기 전까지는 말이다. 그 여성의 이름은 유니스 뉴턴 푸트(Eunice Newton Foote, 1819~1888)이다.

푸트는 틴들과 대서양을 사이에 두고 있었다. 푸트는 미국 코네티컷에서 태어나 뉴욕에 있는 트로이여성신학교를 졸업했다. 신학교라고 하지만, 정식 목사를 배출하는 교육 기관이 아니라 여성 고등 교육 기관이었다. 이 학교는 당시의 남성 교육 기관보다도 더 제대로 과학을 가르쳤다. 트로이여성신학교의 교육과정에는 지질학, 자연철학과의 대화, 화학, 수학, 광학과 유체역학, 천문학, 식물학 등이 있었다. 여성은 감정적이어서 이성적인 능력이 필요한 과학 활동을 제대로 할 수 없다는 당시의 인식을 생각한다면 매우 혁신적인 교육과정이었다.

푸트에게 영향을 준 것이 제대로 된 과학 교육만은 아니었던 듯하다. 여성운동가 엘리자베스 스탠턴(Elizabeth Stanton, 1815~1902)이 푸트의 집 부근에 살았다. 스탠턴은 지역에서 여성권리대회를 최초로 개최한 사람이다. 이 대회에서 여성독립선언문이 선포되었다. 신이 여성과 남성을 똑같이 창조했으므로, 여성 또한 독립된 인격체로 존중받아야 한다는 내용이었다. 이 선언문에는 뜻을 같이하는 진보적인 여성들의 서명이 실렸다. 푸트의 서명도 찾을 수 있다. 그리고 다음번 대회를 준비하는 다섯 명의 준비위원 명단에도 푸트의 이름이 들어 있다. 짐작하건대 스탠턴의 영향으로 푸트는 진보적인 여성운동에 동참하게 되었을 것이다. 여성에 대한 편견을 깨고 푸트가 창의적인 아이디어로 온실효과를 증명해낼 수 있었던 것은 선도적인 여성 과학 교육, 진보적인 여성운동과 무관하지 않을 것이다.

푸트는 지름 10cm, 길이 76cm의 막힌 유리관을 실험에 사용했다. 밀도가 큰 공기와 낮은 공기, 습한 공기와 건조한 공기, 순수한 이산화탄소와 일반 대기 성분이 들어 있는 유리관 등으로 실험 샘플을 마련했다. 그리고 이 유리관들을 각각 햇볕과 그늘에 일정 시간 둔 뒤 온도 변화를 측정했다. 그 결과를 〈태양광선열에 영향을 주는 것들〉이라는 논문에서 이렇게 밝히고 있다.

태양광선의 열에 가장 큰 영향을 받는 것이 탄산 가스(당시는 이산화탄소를 이렇게 불렀다)라는 사실을 발견했다. 대기를 이루고 있는 탄산 가스는 지구의 기온을 높인다. 만약 지구 역사의 한 시기에 기온이 평균 이상으로 높았다면, 대기를 구성하는 공기에 탄산 가스가 현재보다 많은 양과 비율로 포함되어 있었을 것이다. 그리고 그 영향으로 지구의 기온이 올라갔을 것이다.

하지만 푸트는 이 논문을 미국과학학회에서 직접 발표하지 못했다. 당시 미국과학학회는 여성의 참가를 허락하지 않았다. 푸트의 논문은 스미스소니언 박물관의 초대관장이 대신 발표했다. 푸트의 남편이 스미스소니언 박물관에서 기상학자로 일하면서 맺은 인연 때문이었을 것이다.

푸트의 실험과 그 뒤를 이은 틴들의 실험 모두 푸리에가 생각한 '담요 역할을 하는 공기 안의 무엇'이 이산화탄소와 수증기라는 사실을 밝혀냈다. 이 연구들은 이후 스반테 아레니우스(Svante Arrhenius, 1859~1927)에 의해 지구 온도를 올리는 데 결정적인 역할을 하는 것은 수증기가 아니라 이산화탄소라는 결론으로 이어진다. 아레니우스는 전체 대기에서 수증기는 증가와 감소를 반복했지만 총량은 변하지 않았으므로, 기온 변화를 이끌었다 볼 수 없다고 결론 내렸다. 아레니우스는 이산화탄소처럼 지구의 기온을 올리는 가스를 '온실가스'로, 지구가 내보내는 열을 잡아두는 과정을 '온실효과'로 부르기 시작했다.

하지만 당시 사람들은 지구의 온도 상승을 부정적으로 보지 않았다. 지구의 온도가 올라가면 농작물이 더 잘 자라고, 추운 지방에서도 식량 생산량이 늘어나 살기 좋아질 것이라고 생각했다. 당시만 하더라도 대기 중 이산화탄소가 늘어나는 정도가 크지 않았다. 그뿐만 아니라 끝없이 펼쳐진 거대한 바다가 이산화탄소를 충분히 가둘 것으로 판단했다. 이후 이산화탄소가 일으키는 지구 기온 변화에 관한 연구는 뒤를 이은 다른 과학자에 의해 부정되기도 하고, 또 다른 연구와 발견으로 탄력 받기도 하면서 오랜 시간 이어졌다.

찰스 킬링의
도전과 집념

기후변화를 밝혀내는 여정에서 기억해야 할 또 다른 과학자가 있다. 찰스 데이비드 킬링(Charles David Keeling, 1928~2005)이다. 대기 중 이산화탄소가 증가한다는 것을 어떻게 밝혀낼 수 있을까? 가장 단순하면서도 확실한 방법은 직접 그 양을 측정해 데이터를 쌓아가는 것이다. 그 일을 한 과학자가 바로 킬링이다.

태평양의 넘실대는 바다 옆으로 깎아지른 절벽과 레드우드의 깊은 숲 향기가 풍겨나는 빅서 주립공원, 다리 위에 한 앳된 청년이 서 있다. 손에는 축구공 모양과 크기의 둥근 플라스크를 들고 마치 동상이 된 듯 멈춰 서 있다. 바람이 불어오는 방향으로 몸을 돌려 자리를 잡는 듯싶더니, 깊이 숨을 들이마시고 내쉬었다. 그리고 다시 숨을 들이마신 후 숨쉬기를 멈췄다. 그렇게 숨을 참고 있더니 손에 들고 있던 둥근 모양의 플라스크 꼭지를 열었다. "슈-이익" 공기가 빨려 들어가는 소리가 들리고, 소리가 멈추자 꼭지를 바로 다시 돌려 잠갔다. 그 청년 뒤의 차에는 이렇게 만들어진 둥근 플라스크가 한 무더기 가득 차 있었다.

그가 20대 중반을 갓 넘긴 청년 과학자 찰스 데이비드 킬링이다. 1953년 킬링은 미국 일리노이에서 막 대학원을 졸업하고 직장을 구하고 있었다. 킬링은 화학과 지질학을 공부했고, 플라스틱

합성과 관련한 연구 경력이 있었다. 그의 경력이라면 좋은 근무 환경과 보수가 보장되는 직장을 찾을 수도 있었다. 그의 대학 동료들은 대부분 석유화학 업계에 취업했다. 하지만 그는 타고난 현장 연구자였다. 현장에 나가서 자료를 수집하고 분석하는 것에 열정적이었다. 게다가 필요하면 스스로 기구를 개조하고 개발하는 능력도 있었다. 그래서 그는 동료들과 달리 현장에서 직접 연구할 수 있는 조건의 직장을 찾았다. 그러다 캘리포니아 패서디나에 있는 캘리포니아 공과대학의 해리슨 브라운 교수 밑에서 박사 후 연구원으로 일을 시작하게 되었다.

그는 석회암 지대의 지하수에 용해된 탄산염의 농도와 물과 공기 사이의 이산화탄소의 이동을 조사하는 프로젝트에 합류했다. 여러 현장을 다니며 물과 공기를 채취해 분석하는 일에 킬링은 신이 났다. 하지만 곧 대기 중 이산화탄소 양을 측정하는 일이 만만치 않음을 깨달았다. 이미 여러 연구자들이 대기 중 이산화탄소 양을 측정하는 연구를 하고 있었지만, 그들의 측정 값은 매번 달랐다. 심지어 지역에 따라 이산화탄소의 농도 차이가 큰 것을 당연하게 여기고 있었다. 하지만 킬링의 생각은 달랐다. 지형이나 도시 혹은 공장 지대 등의 영향을 받지 않는 곳에서 일정한 시간대의 대기 중 이산화탄소 양은 큰 차이가 없어야 한다고 생각했다. 즉, 전 지구적으로 대기 중 이산화탄소의 일정한 값이 있을 것이라고 생각했다. 그러나 대기 중 이산화탄소 양은 너무 적었을 뿐 아니라, 측정하는 가스 압력계(마노미터)의 정확도도 떨어졌다. 그는 당장 측정기기의 정확도를 높이는 일부터 시작했다.

기체의 압력을 측정하는 U자 모양 마노미터의 구부러진 관 안에는 수은이 들어 있고 한쪽 끝은 대기압의 영향을 받기 위해 뚫려 있다. 측정하고자 하는 기체가 들어 있는 용기를 다른 한쪽 끝에 연결하면 그 기체의 압력에 의해 수은이 이동하며 높이 변화가 생긴다. 이 높이 차이와 대기의 압력으로 기체의 압력을 구하고 이미 알려진 간단한 공식에 넣으면 기체의 부피를 구할 수 있다. 하지만 오차 없이 매우 적은 이산화탄소만의 부피를 구해야 했다. 킬링은 액체질소를 사용해 샘플 공기에서 이산화탄소를 얼리는 아이디어를 냈다. 채취한 공기에서 수증기를 없앤 뒤 압력을 측정해 부피 값을 계산하고, 이어서 이산화탄소를 얼려서 추출한다. 이렇게 추출한 이산화탄소로부터 압력을 측정해 부피를 얻어내면, 샘플 공기 중 이산화탄소의 농도를 얻을 수 있다.

과정을 매우 간단하게 요약해서 그렇지 전 과정은 길고 지루하고 또 조심스럽다. 마노미터를 진공 상태로 만들고, 집어넣은 샘플 공기가 안정되기까지 기다리고, 매 단계마다 온도와 압력을 측정하며 이산화탄소를 얼릴 때 액화산소나 다른 기체 성분들이 섞이지 않게 주의를 해야 하고, 최종적으로 얻은 이산화탄소에 끝까지 섞여 있는 일산화이질소(N_2O)의 부피를 빼는 등 까다로운 절차를 거쳐야 한다. 이렇게 한 번의 측정 값을 얻는 데 두 시간 이상

걸렸다. 하지만 다른 연구자들의 연구 결과와 달리 오차는 0.1% 이내였다.

킬링은 이렇게 측정도구의 정확도를 높이면서, 동시에 제대로 된 샘플 공기를 채취하기 위해 노력했다. 패서디나에 있던 집의 지붕 위에서 측정한 이산화탄소의 농도는 변화가 컸다. 당시 패서디나는 공장들이 들어서고 도시가 발달하며 산업화가 한참 진행 중이었다. 게다가 주택가 뒷마당의 소각로 연기도 데이터를 흔들어놓기에 충분했다. 킬링은 짐을 꾸렸다. 지역적인 영향을 받지 않은 보통의 공기 샘플을 얻어야 하고, 또 가능한 한 많은 지역의 공기 샘플을 얻어야 했다. 그의 짐 안에는 내부를 진공 상태로 만든 축구공 모양의 공기 수집 플라스크가 하나 가득이었다. 서부 해안의 빅서 주립공원으로 향했다.

물론 실험은 쉽지 않았다. 일정한 시간 간격으로 공기를 채취하려면 캠핑을 해야 했고, 또 정해진 시간을 놓쳐서는 안 되기 때문에 밤에도 몇 번이나 침낭을 나와야 했다. 하지만 킬링은 빅서 해안에 끊임없이 펼쳐진 깎아지른 절벽과 물결치는 파도, 그리고 하늘을 찌를 듯 우거진 레드우드 숲에 매료되었다. 게다가 도전해서 풀어야 하는 과학적 임무까지 있으니, 노숙을 하고 잠을 설치는 어려움도 이겨낼 수 있었다. 연구실로 돌아가는 차 안에는 태평양의 바람과 따사로운 햇살 아래서 채취한 공기 샘플들이 한가득이었다. 마노미터에 샘플을 연결하고 액체질소를 들이붓고, 두 시간에 간신히 데이터 하나씩이 측정되었다. 그리고 또 다시 짐을 싸서 또 다른 샘플 공기를 채취하러 떠났다. 그의 열정 속에 데이터가 축적되면서 대기 중 이산화탄소의 흥미로운 변화 경향을 발견했다.

대기 중 이산화탄소 양이 낮과 밤에 맞춰 내려갔다 올라가기를 반복했다. 항상 낮보다 밤에 측정한 대기 중 이산화탄소 양이 더 많았다. 식물의 광합성이 대기 중 이산화탄소 양에 영향을 끼친 것이다. 태양 아래서 광합성을 하는 낮에 대기 중 이산화탄소 양은 줄어들었다. 하지만 식물이 광합성을 멈추는 밤에 그 값은 다시 올라갔다. 하루를 주기로 반복적으로 일어나는 극적인 변화는 마치 지구가 고른 숨을 쉬고 있는 것 같았다. 올림픽반도의 열대우림과 애리조나의 높은 산림에서도 대기 중 이산화탄소 측정을 반복했다. 어느 곳에서나 결과는 똑같았다. 오후에 약 310ppm으로 하루를 주기로 하는 상승과 하강의 분명한 경향을 보였다. 이렇게 정확하게 대기 중 이산화탄소 양을 측정해내자 다른 과학자들은 킬링의 마노미터는 수은 기둥이 유리관에 들러붙어 버린 것 아니냐는 우스갯소리를 하기도 했다. 킬링은 더 많은 지역으로 가서 데이터를 모으기 시작했다.

그러다가 킬링은 이산화탄소 양을 좀 더 정확하게 측정할 수 있는 새로운 방법을 만났다. 동료 과학자인 길버트 플라스(Gilbert Plass)는 당시 냉전 체제에서 소련군의 미사일을 적외선 분석기로 추적하는 연구를 하고 있었다. 플라스는 이 연구를 하던 중 아레니우스의 오래전 논문을 접한다. 대기 중 이산화탄소가 지구의 열을 가두어 온실효과를 일으킬 수 있으며, 산업화로 화석 연료 사용이 늘어나면서 대기 중 이산화탄소 양이 증가하면, 지구의 기온이 더 올라가 온실효과가 커질 것이라는 내용이었다. 아레니우스는 직접 지구 기온 상승 정도를 계산하기도 했다. 이미 1800년대 말에 이루어진 연구였다. 아레니우스의 이 연구에 흥미를 느낀 플라스는 당시 개발된 컴퓨터와 적외선을 활용해 아레니우스의 연구를 재현해 정확도를 높였다. 그리고 인간의 활동으로 늘어난 대기 중 이산화탄소의 영향으로 한 세기마다 1.1℃씩 기온이 오를 것이라는 결론에 이르렀다.

플라스의 연구는 과학계에 큰 파장을 일으키지는 않았다. 하지만 킬링이 호기심을 갖는 데 충분했다. 킬링은 적외선 분석기를 활용한다면, 지금처럼 압력계를 사용하는 것과 달리 실험의 정밀도를 높일 수 있고 연속적인 데이터 측정이 가능하리라고 확신했다. 물론 대기 중 이산화탄소는 적외선 분석기로도 측정이 쉽지 않았다. 당시 이산화탄소는 공기 100만ml 가운데 약 300ml 정도로, 대략 0.03%에 불과했다. 또한 적외선 분석기가 비싸 공과대학 한 부서의 연구비로는 구입할 엄두를 낼 수 없었다.

행운의 신이 그를 비켜 가지 않았다. 마침 1957~1958 국제 지구 물리학의 해를 맞아 지구 물리학 국제 심포지엄이 준비되고 있었다. 이를 위해 글로벌 프로젝트를 진행할 수 있는 기금이 있었다. 이 펀드 운영에 참가했던 스크립스해양연구소 소장 로저 레벨과 미국해양대기청의 해리 웩슬러가 킬링의 데이터에 관심을 가지기 시작했다. 킬링에게 남극과 하와이에서 대기 중 이산화탄소 농도를 측정하는 프로젝트를 진행해줄 것을 요청했다. 1957년 7월에 시작해 1958년 12월에 끝나는 프로젝트였지만, 더욱 정밀하게 연구할 수 있는 꿈같은 제안이었다.

킬링은 당장 적외선 가스 분석기 네 대를 구입했다. 킬링은 하와이 마우나로아산에 있는 군사기지를 빌려 관측 설비를 설치했다. 이 군사기지는 해발 3,396m 높이에 있었다. 산 정상과 가까웠다. 나무가 자라지 않는 고지대라서 근처 식물의 광합성과 호흡 때문에 발생할 수 있는 오차를 줄일 수 있었다. 또한 태평양 한가운데 위치한 섬이라서 데이터를 왜곡할 인위적인 영향을 최소화할 수 있었다. 네 대의 적외선 가스 분석기 중 한 대에서 1958년 첫 번째 데이터로 313ppm을 얻었다. 킬링이 마노미터로 측정한 값과 1ppm밖에 차이가 나지 않았다. 채 서른 살도 되지 않은 젊은 과학자가 전 세계의 대기 중 이산화탄소를 측정하는 프로젝트의 총 책임을 맡아 진행하며 마우나로아에서 평생을 바친 관측을 시작했다. 물론 첫 관측을 할 때 킬링도 자신이 평생을 바쳐 이 연구를 하게 될 것이고, 또 이 연구가 기후변화에 대해 부정할 수 없는 확실한 증거가 될 것이라고는 생각하지 못했다. 킬링은 마우나로아 관측을 시작한 후 2년이 지난 1960년, 대기 중 이산화탄소가 식물의 계절적 성장 및 쇠퇴와 함께 변화한다는 사실을 발견했다. 또한 대기 중 이산화탄소의 절대량이 점차 증가하는 경향을 보이는 것도 발견했다.

적외선 분석기를 이용한 이산화탄소 측정법은 우선 밀폐된 튜브 안에 채취한 샘플 공기를 넣고 적외선을 쪼인다. 샘플 공기를 통과한 적외선은 튜브의 반대편 끝에서 그 양이 줄어든다. 샘플 공기 안의 이산화탄소가 적외선을 흡수하기 때문이다. 또 일반 공기에서 이산화탄소를 없앤 공기를 같은 방법으로 실험한다. 여기서 얻은 적외선 수치와 앞서 샘플 공기에서 얻은 수치를 비교하면

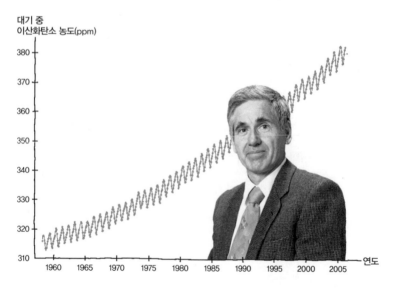

• 킬링 곡선과 킬링 박사. 대기 중 이산화탄소의 농도가 계절의 변화를 따라 상승과 하강을 반복하며 지속적으로 증가하고 있다.

샘플 공기 안의 이산화탄소 양을 측정할 수 있다.

적외선 분석기 네 대는 각각 마우나로아, 남극, 배에 실려 여러 바다에서 그리고 한 대는 킬링의 연구실에서 항공이나 다른 곳에서 채취된 공기 샘플을 분석했다. 킬링은 이산화탄소 농도 값의 변화가 무엇을 이야기하는지 더욱 정확히 알기 위해 컴퓨터 기상 모델 연구에 합류했다. 대기 중 이산화탄소의 이동 그리고 해양과 식물의 영향 및 화석 연료의 연소 등에 의한 전 지구적인 흐름의 윤곽을 잡아가기 시작했다. 연구를 하면 할수록 대기 중 이산화탄소 농도를 측정하는 일의 필요성을 더 느끼게 되었으나 현실은 쉽지 않았다. 정세 변화에 따라 연구비의 축소와 삭감이 반복되는 과정에서 예산 확보에 상당한 어려움을 겪었다. 직접 워싱턴까지 찾아가 연구의 필요성을 호소하기도 했지만, 연구원 수가 절반 이하로 줄어들고, 선박에 실려 있던 분석기가 되돌아오는 일도 있었다. 하지만 그는 멈추지 않았다. 정확한 연구를 위한 집념과 끈기로 연구를 이어갔다. 킬링은 무엇보다도 장기적인 데이터 축적이 지구를 이해하는 데 가장 필요한 자료임을 잘 알고 있었다.

1971년 마침내 1957년부터 측정을 시작한 대기 중 이산화탄소 농도 측정 결과를 발표했다. 그것은 매년 계절적 변동과 함께 화석 연료의 연소 증가로 늘어나는 대기 중 이산화탄소를 명백하게 밝힌 역사적인 그래프였다. 당시에 극지방의 빙하 연구가 시작되었다. 과학자들은 그린란드와 남극 대륙의 빙하코어(극지방에 오랜 기간 묻혀 있던 빙하에서 뽑아낸 얼음) 속에 들어 있는 공기 방울의 구성 성분을 분석해 산업혁명 이전 시대(1만 년 전~1750년)에 대기 중 이산화탄소 농도는 빙하기에 200ppm, 간빙기에 280ppm 안팎이었음을 밝혀냈다. 킬링 곡선과 빙하 연구로 인간이 산업화 이후 지구의 얇은 대기 속에 얼마나 많은 이산화탄소를 집어넣었는지 과학적으로 측정·증명되었다. 이렇게 해서 세상에 '킬링 곡선'으로 불리는 대기 중 이산화탄소의 농도 증가 그래프가 생겨났다.

킬링 곡선은 지구에 대한 인간의 영향을 상징하는 아이콘이 되었다. 킬링의 평생을 바친 중단 없는 노력은 자연을 탐구하는 과학적 방법의 모범이 되었다. 또한 오늘 우리가 기후변화를 논의하고 기후변화에 대응하기 위해 세계적인 협의와 실천을 시작하는 출발점이 되었다. 킬링은 75세에 갑작스러운 심장마비로 세상을 떠날 때까지 50년 동안 이산화탄소 농도 측정을 계속했다. 그가 처음 마우나로아에서 측정한 대기 중 이산화탄소 농도는 313ppm이었고, 그가 사망한 해인 2005년에는 380ppm 그리고 2021년 오늘은 410ppm을 넘어가고 있다.

마우나로아에서의 측정은 그의 아들 랠프 킬링(Ralph Keeling)이 이어가고 있다.

제임스 한센의
용기

세상은 이런 과학적 사실 앞에서도 쉽게 기후변화를 받아들이지는 않았다. 킬링의 명백한 연구 결과로 대기 중 이산화탄소 농도가 늘어난 것은 부정할 수 없는 사실이지만, 기온이 올라가 기후변화가 일어나고 있다는 것, 혹은 기후변화가 장기간 위협적으로 인류의 생존문제가 될 것이라는 증거는 없다고 주장했다. 또 1940년대 이후 일시적으로 지구 기온이 떨어지자, 오히려 지구에 빙하기가 올 것이라는 뉴스가 나오기도 했다. 기후변화는 상상력이 풍부한 과학자의 열변이나 연구비가 절실한 과학자의 애절한 목소리로 치부되었다. 그런 와중에 한 과학자가 기후변화에 관한 본격적인 논의를 일으켰다. 그 논의 이후로 정치권과 언론에서 기후변화를 이야기하기 시작했다. 그는 제임스 에드워드 한센(James Edward Hansen, 1941~)으로, 우리가 기억해야 할 또 한 명의 과학자다.

1988년 6월 23일, 아직 여름이 본격적으로 시작되지도 않았는데 미국 워싱턴의 기온은 38℃ 가까이 솟구쳤다. 하필 이날 미국 상원의 에너지및천연자원위원회 청문회장은 냉방기도 잘 작동하지 않았다. 조명과 카메라가 돌아가고 있던 탓에 실내는 무척 더웠다. 나사(NASA) 고다드우주연구소의 한센이 이마에 흐르는 땀을 닦아내며 그와 동료들의 연구 결과를 발표했다.

저는 세 가지 중요한 결론을 이야기하겠습니다. 첫째, 지구는 기온을 측정한 이래 가장 더운 해를 맞고 있습니다. 지난 세기에 가장 온도가 높았던 4년은 모두 1980년대였습니다. 둘째, 현재의 온난화는 분명히 온실효과로 인해 일어나는 것입니다. 셋째, 컴퓨터 기후 시뮬레이션은 온실효과가 이후 폭염이나 가뭄과 같은 극단적인 기상이변을 일으킬 가능성이 크다는 것을 말해줍니다.

이렇게 증언을 시작한 그는 온실효과로 인한 폭염, 가뭄과 같은 기상이변이 앞으로도 계속될 것이라는 예측을, 단순한 말이 아닌 과학적 연구 결과를 바탕으로 한 그래프와 자료로 증명해나갔다. "99% 확신하건대, 지구 온도는 계속 오를 것이고 21세기에는 기후변화로 가뭄이 빈번하게 발생하는 지역이 생길 것이다. 또한 지구온난화가 지구의 물 순환 체계에 영향을 미쳐 한편으로는 폭염이나 가뭄이 일어나고, 다른 한편으로는 강력한 폭풍과 큰 홍수가 나타날 것이다." 폭염과 가뭄으로 따뜻해진 대기는 잠재된 에너지를 가진 더 많은 수증기를 보유하고 있어서 강우가 더욱 극단적으로 변하기 때문이라고 했다.

그의 청문회 발언은 '온실효과'를 '주장'이 아닌 '사실'로 받아들이게 했다. 한센은 이후 1988년 7월 7일 하원, 1989년 5월 8일 상원의 상업·과학및교통위원회에서도 온실효과에 대한 증언을 이어나갔다. 그러자 세상은 온실효과로 떠들썩해졌다. 온난화가 온실효과 때문이라는 주장은 조작일 뿐이라는 비난 여론도 물론 함께 커졌다.

한센은 나사에서 금성에 관한 연구를 하던 과학자였다. 금성의 높은 기온과 온실효과를 연구하다 지구의 온실효과와 기후변화로 연구 방향을 돌렸다. 한센과 나사의 동료들은 지구의 에너지 불균형에 초점을 맞췄다. 여러 물리량을 측정하는 부표를 바다에 띄워 조사한 결과, 해수면 1m²당 지구에서 우주로 다시 방출하는 열보다 1W 이상의 태양에너지를 지구가 더 흡수하고 있다는 사실을 발견했다. 즉, 현재 지구는 태양에서 지구로 들어오는 에너지보다 방출하는 에너지가 더 적은, 에너지 불균형 상태이다. 이는 당장 이산화탄소 배출을 중단한다고 하더라도 지구의 온도가 꾸준히 오른다는 뜻이다.

이 청문회에 앞서 한센 연구팀은 1981년 과학 연구 잡지 〈사이언스〉에 기후변화에 관한 논문을 발표했다. 이 논문에 관해 〈뉴욕타임스〉(1981년 9월 22일)는 1면에서 이렇게 쓰고 있다.

나사 고다드우주연구소의 7명의 과학자들은 다음 세기에는 거의 전례 없는 규모의 지구온난화가 일어날 것이라고 예측했다. 서남극 대륙의 빙하가 녹아 해수면이 5~6m 올라갈 가능성이 있다고 주장했다. 이경우 향후 100년 안에 미국 동부의 루이지애나와 플로리다의 25%, 뉴저지의 10%가 침수될 것이며, 전 세계의 저지대에 광범위하고 지속적인 홍수가 일어나 침수될 것이라고 말했다. 또한 이 온실효과는 농업 생산력을 떨어뜨려 세계 식량 공급에도 문제를 일으킬 것이라고 말했다. 이러한 예측은 국립항공우주국 우주연구원이 수행한 컴퓨터 시뮬레이션 결과이다. 이 연구 논문은 〈사이언스〉 8월 28일 호에 게재되었다. 인류가 화석 연료를 태운 결과 발생하는 대기 중 이산화탄소는 온실의 유리와 같은 작용을 한다. 이 온실가스는 지구와 대기에서 내보내는 열을 흡수해 지구의 기온을 올린다. 이 이론에 따르면, 이산화탄소가 많아질수록 지구의 기온은 더욱 높아질 것이다. 대기 중 이산화탄소 농도는 100년 전 280~300ppm이었던 것이 현재 335~340ppm이고, 100년 뒤에는 최소 600ppm에 이를 것으로 예상된다.

청문회에서의 증언 이후 한센은 언론과 정지권의 흑색선전에 시달려야 했다. "기후 대혼란? 믿지 마라", "기후변화 사기", "지구 온난화가 사기임을 보여주는 여덟 가지 이유", "위성, 지구온난화 증거 찾지 못해" 등의 기사가 연일 보도되고, 언론은 한센과 동료 과학자들의 연구가 거짓이라고 떠들었다. 연구자의 양심을 가지고 일해온 그로서는 감당하기 힘든 긴 시간을 침묵 속에서 보내야만 했다.

시간이 흐를수록 기후변화가 일으킨 피해가 그와 동료들의 연구를 증명이라도 하듯 현실로 나타났다. 미국 정부는 여전히 석탄을 중심으로 한 화석 연료 중심의 에너지 공급 정책을 고수했다.

• 체포되는 제임스 한센

한센의 이름이 다시 신문에 올랐다. 지구의 기후변화를 연구하는 과학자에서 이번에는 행동하는 실천가로 등장했다.

제 손주 녀석들이 미래에 이렇게 말하지 않기를 바랐습니다. "할아버지는 세상에 무슨 일이 일어나고 있는지 아셨지만, 사람들을 이해시키지는 못했잖아요." 그래서 저는 정부의 잘못된 에너지 정책을 사람들에게 알리기로 결심했습니다.

한센은 화석 연료 중심의 에너지 공급 정책을 반대하는 시위 행렬에 모습을 나타냈다. 백악관 앞에서, 석탄 광산이 있는 산꼭대기에서 시위에 참가하고 또 체포되는 일상을 반복하고 있다. 명백한 과학적 증거 앞에서도 기후변화를 부정하거나 경제가 어렵다는 이야기를 만능열쇠처럼 내미는 사람들에게, 탄소세를 부과하고 그 세금을 국민들에게 배당금의 형태로 배부해 경제와 기후를 함께 안정시켜야 한다고 주장하며, 정책의 변화를 촉구하고 있다. 그는 큰 키에 구부정한 어깨 뒤로 수갑을 찬 채, 해야 할 일을 다한 할아버지의 미소로 말한다. "이 나이에는 체포 경력이 문제가 되지 않습니다."

최악을 막기에는
늦지 않은 시간이다

오늘날 우리는 기후변화를 쉽게 받아들인다. 그리고 그보다 더 쉽게 잊어버린다. 아주 먼 미래의, 그리고 나 혹은 가족과는 상관없는 비현실적인 공상과학 드라마를 시청하듯이 말이다. 하지만 우리에게 큰 위험이 닥치리라는 예측이 과학적으로 증명되고, 부정되고, 다시 증명되는 과정이 이제 역사가 될 만큼 시간이 흘렀다.

1850년대 유니스 푸트의 실험을 통해서도 어렵지 않게 증명된 현상이 대중적으로 받아들여지기까지 여러 과학자의 노력이 있었다. 불평등하고 억압적인 상황에 굴복하지 않고 여성이 남성과 동등한 인간임을 과학을 통해 보여준 유니스 푸트, 평생을 헌신해서 데이터를 모은 찰스 킬링, 그리고 이제는 거리로 나와서 자신이 연구를 통해 알아낸 사실의 긴박함과 위중함을 행동으로 보여주고 있는 제임스 한센, 그 밖에도 많은 과학자의 양심적인 학문 연구와 실천이 있어서 그나마 기후변화가 사실임을 받아들이게 되었다.

미래는 그렇게 밝지 않다. 우리의 준비는 여전히 부족하고 우리의 실천은 더더욱 부족하다. 하지만 이미 오래전부터 위기를 예측하려는 노력이 있었기에 해볼 만하다. 이제 오랫동안 연구를 통해 밝혀진 기후변화의 그 현장으로 가보자. 그리고 무엇을 어떻게 준비하고 실천해야 하는지 알아보자. 이미 많이 늦었지만, 최악을 막기에는 늦지 않은 시간이다.

1

대멸종 스케치

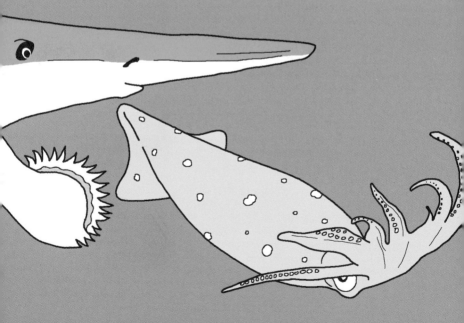

판게아와
판탈라사의 시대

흩어져 있던 거대한 대륙들이 하나로 합체했다. 변신로봇처럼 하나의 덩어리가 되었다. 우리는 이 거대한 합체 대륙을 '판게아(Pangaea)'라고 부른다. 그리스 신화에 나오는 대지의 여신 가이아(Gaea) 혹은 로마 신화에 나오는 땅의 신 테라(Terra)에 '모든'을 뜻하는 접두사 Pan을 붙여 경의를 나타냈다. 판게아는 '모든 대지'를 뜻한다. 한 덩어리의 판게아 대륙은 지구의 북극에서부터 남극까지 길게 걸쳐 있다. 하나의 대륙이 지구를 가로지르고 있는, 말 그대로 슈퍼 대륙이다.

이 거대한 대륙의 내부는 무척 척박하고 건조했다. 바다와 육지의 차이가 만들어내는 대기의 절묘한 흐름도 없었고, 구름 한 점 없는 하늘은 땅을 황량하게 만들었다. 판게아가 만든 낮과 밤의 극심한 온도 변화와 건조한 환경에서 땅 위의 생물들은 살아가기 위한 최대한의 전략을 짜내야 했다.

한 덩어리의 대지를 한 덩어리의 바다인 판탈라사(Panthalassa)가 둘러싸고 있다. 탈라사(Thalassa)는 그리스·로마 신화에 나오는 바다의 신들 가운데 하나이며, 여신이다. 탈라사 앞에 역시 Pan이 붙어 판탈라사가 되었다. 판탈라사는 '모든 바다'이다. 판게아의 한쪽 끝에서 시작해 반대쪽 끝까지 막힌 곳 없이 이어진 거대한 판탈라사는 오늘날의 태평양이 되었다. "지구는 둥그니까 자꾸 걸어 나가면"이라는 노랫말처럼 판게아를 출발해 판탈라사의 적도를 따라 계속 항해를 한다면, 그대로 다시 판게아로 돌아왔을 것이다.

하지만 안타깝게도 이 거대한 바다의 이야기를 추적하는 일은 쉽지 않다. 서서히 기지개를 켜는 거인처럼 대류하며 지각을 끌어다 맨틀로 다시 집어넣는 힘은, 대륙 지각보다 밀도가 큰 해양 지

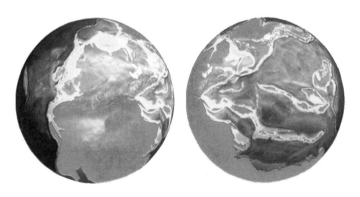

• 판게아(왼쪽, 주황색)와 판탈라사(오른쪽, 검은색)로 이루어진 지구

각을 먹잇감으로 선택한다. 지루하다 못해 시간조차 의미가 없어질 만큼 오랜 시간이 흐르는 동안 판탈라사의 바닷속 지각은 대부분 맨틀 속으로 사라졌다. 하지만 적도 부근의 섬들은 밀도가 작은 탓에 맨틀로 재활용되지 못하고 그 일부가 북아메리카의 암초 속에서 발견되어, 판탈라사의 수수께끼를 푸는 단서를 제공하고 있다.

고생대 말 페름기 지구

판게아와 판탈라사의 시대, 땅 위에는 파충류처럼 생겨서는 포유류라고 우기는 단궁류 무리가 먹이를 찾아 볼품없는 숲속을 어슬렁거리고 있다. 단궁류는 호모사피엔스의 사촌쯤 되는 포유류의 조상이다. 단궁류 중 하나인 펠리코사우루스는 체온이 주변 환경에 따라 변하는 변온동물이다. 그래서 해가 진 뒤의 얼어붙는 추위와 한낮의 뜨거운 열기를 처리하기 위해 등에 돛처럼 생긴 커다란 등지느러미가 발달했다. 이것을 세웠다 접었다 하면서 체온을 조절한다. 파충류인 코틸로린쿠스는 3m가 넘는 덩치에 사람 손바닥보다 훨씬 작은 얼굴을 하고 있다. 양복 입은 아빠 사진에 아기 얼굴을 붙여놓은 것 같다. 그리고 고사리와 같은 양치식물이 높이 30m, 굵기 2m에 달하는 커다란 나무처럼 자라면서 마주한 가지를 사이좋게 나란히 늘어뜨리고 있다. 오늘날의 곤충보다 10배 이상이나 큰 잠자리, 딱정벌레, 메뚜기를 닮은 곤충도 있다. 이들이 위협적인 날갯짓 소리를 내며 단궁류와 파충류 사이를 당당하게 날고 있다.

물속에서는 수륙양용의 높은 효율성을 자랑하는 템노스폰딜리가 머리를 빼꼼 내밀고 뭔가를 찾아 두리번거린다. 보이지 않지만, 물갈퀴가 달린 템노스폰딜리의 네 발은 물속에서 제법 부지런히 움직이고 있을 것이다. 템노스폰딜리가 다시 자맥질을 한다. 산호초도 물속에서 화려한 꽃을 피우고 있다. 그 옆에는 식물 같은 동물인 바다나리 무리가 촉수를 아름답게 흔들며 백합꽃인 척하고 있다. 말 그대로 화려한 바다 정원이다. 산호를 중심으로 한 바다 정원에는 여러 종류의 바다 생물이 모여 산다. 산호초 사이로 페름기의 낯선 생물들이 헤엄치고 있다.

그러나 고생대의 한 시기에 바다를 주름잡았던 둔클레오스테우스는 찾아볼 수 없다. 고생대 중기인 데본기에 반짝 등장해 투구를 쓴 듯한 모습을 한껏 뽐내다 데본기 말에 사라졌기 때문이다. 둔클레오스테우스는 단단한 돌판과 같은 껍질을 머리에 둘렀다고 해서 '판피어(板皮漁)'라고 부른다. 둔클레오스테우스는 먹잇감을 압도하는 거대한 크기와 어느 누구의 이빨도 들어갈 것 같지 않은 돌판 같은 껍질에도 불구하고 제대로 된 이빨이 없다. 세상에서 처음으로 턱이란 것을 갖게 된 돌판 물고기 판피어류는 이빨

대신 턱이 변형되어 거칠게 튀어나온 가짜 이빨이 있을 뿐이다. 아마도 사냥감을 대강 끊어서 꿀꺽 삼켜버렸을 것이다. 잡기는 하되 자근자근 씹어서 소화시킬 수는 없었으니, 강력한 위를 가졌거나 아니면 만성 소화불량에 시달렸을 것이다.

그래도 턱도 없었던 무악어류에 비하면 엄청난 발전이다. 흔히들 둔클레오스테우스와 혼동하는 무악어류는 단단한 뼈 같은 피부를 가져 '갑주어'라 부른다. 고생대의 바다에서만 볼 수 있다. 이 어류는 이름만 무시무시할 뿐 고생대 초 바다의 사나운 포식자 바다전갈의 만만한 단골 메뉴다. 갑주어는 이름이 무색하게 턱도 없고 지느러미도 빈약하다. 느릿느릿 해저를 헤매며 입이라고 생각되는 구멍을 그저 오므리고 벌리는 식으로 갯벌을 헤집어 작은 생물을 먹고 산다. 페름기에는 이들의 모습을 찾아볼 수 없다. 훨씬 더 진화한 다양한 모습의 어류들이 고생대 말 페름기의 바다에서 와글거린다.

제대로 된 지느러미와 비늘, 단단한 뼈를 가진 어류와 상어의 먼 친척뻘인 말랑한 뼈를 가진 어류가 바다를 가득 메우고 있다. 오징어를 닮은 두족류가 총알처럼 앞으로 쭉쭉 나가며 헤엄친다. 헬리코프리온이 두족류를 빨아들여 회오리처럼 생긴 돌기로 꽉 찍어 눌렀다가 꿀꺽 삼킨다. 이것을 이빨이라고 한다면, 수백 개의 이빨이 있는 셈이다. 그러나 씹기 위해서가 아니라, 입안에 어렵게 들어온 먹잇감이 도망가지 못하게 잘 붙잡아놓는 역할이 전

부다.

　바다에는 물고기만 사는 것이 아니다. 두 개의 껍질을 마주하고 바다 밑을 빼곡히 메우며 튼튼한 다리로 서 있는 완족류는 고생대를 대표하는 바다 생물이다. 팔과 다리를 한자음으로 읽으면 '완족(腕足)'이다. 고생대 바다의 산호초와 그 주변에는 팔이기도 하고 다리이기도 한 근육을 지닌 완족동물이 자리하고 있다. 두 개의 딱딱한 석회질 껍질 중 큰 것에 붙어 있는 근육질의 다리가 제법 단단한 완족류는 조개처럼 생겼다. 보통 사람 눈에는 딱 조개다. 그런데 조개와 차이가 있다. 조개는 두 개의 껍질이 서로 같다. 거울에 비친 자기 모습을 보는 것처럼. 하지만 완족류의 두 개의 껍질은 하나가 다른 것에 비해 조금 크다. 대신 각각의 껍질은 완벽한 좌우대칭을 이룬다. 조개는 개별 껍질이 좌우대칭을 이루지 않는다. 고생대의 전 기간에 완족류는 바다의 왕자였다. 물론 군림할 수 있을 만한 덩치와 이빨을 갖고 있지는 않다. 하지만 고생대 전 세계 어느 바다에서든 많은 수의 완족류를 만날 수 있다.

　완족류보다 크기는 한참 작지만 압도적인 수를 자랑하는 바다 생물이 있다. 방추충이다. 방추충은 쌀알처럼 생긴 대형 플랑크톤이다. '푸줄리나'라고도 부른다. '대형'이라 하더라도 작은 생물인지라 아마 눈에 잘 띄지 않았을 것이다. 할 일이 태산 같은 추수철의 농부가 바쁘게 수확을 끝내며 흘리고 간 낱알처럼, 해저의 진흙더미에 묻혀 있는 작은 플랑크톤이다. 하나의 세포로 하나의 몸을 이루는 푸줄리나는 작더라도 분명히 동물이다. 몸 전체에 땀구멍 같은 작은 구멍들이 나 있고, 그 구멍으로 가는 실 같은 발 혹은 팔을 내밀어 먹이를 잡는다.

이렇게 구멍이 많고 분필 같은 석회질 물질로 이루어진 플랑크톤을 '유공충'이라고 부른다. 유공충은 친인척이 많아 5만여 종이나 된다. 그중 고생대 바다에서만 볼 수 있는 것이 바로 푸줄리나인 방추충이다. 옛날에는 목화를 키워서 솜을 얻고, 그 솜뭉치에서 실을 뽑아 옷감을 만들었다. 솜뭉치에서 가늘고 긴 실을 뽑아내기 위해서 쓰는 도구가 방추다. 〈잠자는 숲속의 미녀〉의 주인공 공주가 물레의 바늘 끝에 손가락이 찔려 잠은 잠대로 푹 자고, 깨어나니 자기보다 한참 어린 멋진 왕자를 만나게 되었다는 이야기에 등장하는 물레의 바늘이 바로 방추다. 이 방추와 모양이 비슷해서 방추충이라는 이름이 붙었다.

생물계의 빅뱅처럼 터져 나온 고생대의 많은 생물을 다 설명할 수는 없다. 하지만 정말 빠뜨리면 안 되는 생물이 있다. 온몸의 마디와 마디가 이어지며 만드는 부드러운 굴곡을 가진 해양 생물, 몸이 세로로도 세 군데, 가로로도 세 쪽으로 구분되는 삼엽충이다. 삼엽충은 거미나 전갈과 비슷한 절지동물이다. 자라면서 몸이 커지는데, 꽉 조이는 낡은 껍질을 버리고 새로운 껍질로 갈아입으며 허물도 몇 차례 벗는다. 고생대의 전 기간에 걸쳐 번성한 삼엽충은 거의 처음 지구상에 등장한 몸에 마디가 있는 동물이다. 다

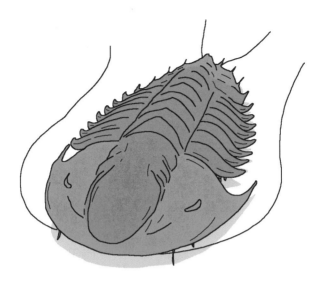

• 고생대의 바다를 주름잡았던 삼엽충은 2만여 종이 넘는다. 오늘날 곤충, 거미 등의 친척 뻘쯤 된다. 단단한 껍질을 가지고 있고, 성장하면서 껍질을 갈기도 했다. 고생대 말 멸종했다.

비슷하게 보이지만, 삼엽충은 화석으로 남아 있는 것만 2만여 종이 넘는다. 삼엽충은 고생대가 절반쯤 흘렀을 때 호되게 멸종의 위협을 겪는다. 하지만 당당하게 살아남아 고생대 말 페름기의 바다를 헤엄치며, 새로 등장한 물고기들에게 훌륭한 식사를 제공한다. 몸이 세 쪽으로 나눠진 구조를 보고 대충 삼엽충이라고 성의 없이 이름을 지었지만, 삼엽충은 당당히 고생대를 대표하는 동물이다. 오늘날 지구 어디를 가도 삼엽충 화석을 어렵지 않게 만날수 있다. 그래서 '고생대' 하면 삼엽충이 떠오르고, 삼엽충을 생각하면 바로 고생대가 따라 나온다.

지구라는 아주 특별한 행성이 태양계에 생겨난 뒤 40억 년 동안 지구에는 거의 아무것도 살지 않았다(산소를 만들며 지구의 대기를 열심히 리포밍했던 남조류를 빼고는 거의). 그러다 고생대에 이르러 다양한 형태의 생물이 등장했다. 먹고 먹히는 생태계에서 단단한 껍질을 가진 종들이 살아남았고, 유선형의 몸매를 갖고 있어서 재빨리 헤엄칠 수 있는 종들이 번성했다. 헤엄치는 데 힘을 실을 수 있는 척추 뼈를 가진 종들이 고생대의 무대에 등장했다. 아무것도 살지 않던 길고 지루한 시간이 지난 뒤 이렇게 고생대의 바다는 붐비기 시작했다.

페름기는 고생대의 끝 무렵을 일컫는다. 페름기에 도착하기 전 이미 두 차례의 대멸종 사건이 있었다. 하지만 생태계는 변화에 놀라운 적응력을 보이며 상처 입은 몸을 추스르고 시끌벅적 살아가는 이야기를 반복했다. 바다에서 육지로 간 동물들은 판게아의 혹독한 환경에서 살아남아야 했다. 껍질로 둘러싼 새끼, 그러니까 알을 낳는 종이 등장하는 등 바다와는 다른 여러 변화들이 생물종 사이에서 출현했다. 질척거리는 늪과 숲, 거대한 곤충들로 육지가 바글거린 건 그때가 처음이었다.

여기는 고생대 말 페름기 생물이 번성하던 지구다.

페름기의
오리엔트 특급 살인 사건

고생대 말에서 중생대 초, 즉 페름기와 트라이아스기 사이의 어느 날, 빅뱅으로 우주가 만들어지듯 등장한 풍부한 생명력을 자랑하던 고생대의 생태계가 모습을 감춘다. 6만 년이란 시간 동안 일어난 멸종을 어느 날이라고 표현하는 것이 타당할까? 그럼 지질학적 시간 단위를 인간의 시간 단위로 바꿔보자. 지구에 최초의 생물이 등장한 35억 년 전을 지구의 생물학적 나이라고 해보자. 인간의 평균 수명을 최대 100세로 잡고 이것을 35억 년으로 환산하면, 1년은 3,500만 년이 된다. 하루는 9만 5,900일 정도이니, 실제 멸종이 진행된 6만 년은 대략 15시간이다.

전체 지질 시대를 인간의 수명에 비유하는 게 너무하다 싶으면 500년 조선의 시간으로 바꿔보자. 6만 년은 대략 3일 정도의 시간이다. 조선 시대 어느 3일이 지난 뒤 도처에 번성하던 생명 중 대부분이 죽어버렸다면? 숲의 나무와 풀이 시들고, 외양간의 소가 거품을 물고 쓰러지고, 동네를 쏘다니던 누렁이가 픽픽 쓰러져 그르릉 간신히 신음만 내고, 하늘을 날던 날짐승이 꽃잎처럼 뚝뚝 떨어져 쌓인다. 그렇다면 그 3일은 상상하기도 싫은 악몽일 테다. 고생대 페름기 말 6만 년의 시간이 흐르던 어느 날, 바글거리고 소란스럽고 귀엽고 기괴하고 거대한 생명체의 약 95%가 사라졌다.

도대체 이런 상상하기 힘든 멸종 사건이 어떻게 해서 일어났을까? 《성경》에 등장하는 '노아와 홍수'처럼 신은 희망 없는 세상을 호되게 질책하려 했을까? 모든 범죄 현장은 증거를 남기기 마련이다. 페름기와 트라이아스기 사이에 일어난 지구 역사상 최악의 대량 살해 현장에 남아 있는 증거를 쫓아가 보자.

첫째 증거는 페름기와 트라이아스기의 경계인 2억 5,000만 년 전에 쌓인 퇴적암과 그 속의 생물 화석에 남겨진 탄소 변동의 흔적이다. 범죄의 원인이 무엇이든, 그것은 탄소와 깊은 관련이 있다. 가벼운 탄소12와 좀 더 무거운 탄소13은 자연 상태에서 항상 일정한 비율을 유지한다. 99:1. 그런데 이 범죄가 일어날 당시 탄소12의 양이 급격하게 늘어난 기록이 퇴적암 속에 남아 있다. 무엇인가 대량으로 탄소를 대기 중에 쏟아냈을 것이다.

둘째 증거는 육지 식물의 꽃가루에서 유전자적 돌연변이가 일어난 기형 변종의 발견이다. 유전자를 변형시키는 어떤 힘이 육지 생태계를 흔들었다.

셋째 증거는 멸종 시기에 쌓인 해양 퇴적층에서 발견된 무산소층이다. 바다에서 산소가 심각하게 사라졌다. 산소가 없는 바다는 당연히 죽음의 냄새가 난다.

넷째 증거는 대멸종이 일어난 지층의 '비포 앤 애프터(before & after)'를 통해 확인할 수 있다. 멸종이 일어난 직후 지층에서 시아노박테리아, 즉 남세균 혹은 남조류라고 불리는 미세조류의 화석

이 전 세계 바다에서 발견되고 있다. 멸종의 원인이 남세균을 폭발적으로 키워냈다.

마지막 증거는 멸종 시기에 러시아의 시베리아에서 대규모 화산 분출이 일어난 기록이다. 이 기록이 지층에 남아 있다. 시베리아 지역에는 두께가 거의 1km나 되는 현무암층이 있다. 이 현무암층의 두께로 보아 엄청난 양의 용암이 분출했을 것이다. 용암이 덮은 면적은 현재 서유럽의 크기에 맞먹는다.

이제 대량 학살 현장이 남긴 증거들을 잘 엮어 범인의 몽타주를 그려보자. 먼저 대기 중 이산화탄소의 농도가 급격하게 증가했다는 증거가 있다. 마치 하늘로 솟구치듯 급격하게 대기 중 이산화탄소 농도가 증가했다. 이 정도의 변화라면 순간적인 화산 분출이 가장 혐의가 짙다. 화산 분출은 지질 시대에 등장한 이전의 대멸종 사건 때도 비슷한 원인을 제공한 상습범이다. 화산이 분출하면서 나오는 화산재나 황산에어로졸은 태양을 가려 지구의 온도를 순간적으로 떨어뜨린다. 하지만 이 화산재나 황산에어로졸에 의한 냉각은 시베리아와 그 인근 지역에 한정된 현상일 뿐이다. 아무리 화산 분포가 넓다 하더라도 화산 분출은 지역적인 사건이다.

화산재가 가라앉고 황산에어로졸이 사라진 뒤 냉각기가 끝나면서 지구는 더할 나위 없이 뜨겁게 달구어졌을 것이다. 화산이 분출할 때 온실가스인 이산화탄소가 다량의 화산가스로 방출되기 때문이다. 서유럽을 덮을 정도의 넓이, 1km에 달하는 두께의 용암이 흘러나왔다면, 이산화탄소가 대기 중으로 상당량 쏟아져 들어가 페름기의 온도를 높였을 것이다. 과학자들은 당시 열대 지역에서 육지의 온도는 50~60℃, 해수 표면 온도는 40℃ 정도였을 것으로 추정한다.

높아진 기온은 판게아를 황량한 사막으로 만들고, 육지에 사는 단궁류와 고사리 나무를 헐떡이게 했을 것이다. 내리는 비는 화산이 뿜어낸 대기 중 이산화탄소와 이산화황을 녹이며 산성비로 변했을 것이고, 산성비는 가뭄으로 시름시름 앓던 나무들에게 치명적인 일격을 가했을 것이다. 용암이 분출하던 지역에는 오래된 퇴적암으로 이루어진 분지가 있었고, 이 분지에는 석탄, 석유, 가스와 과거의 바다가 말라 만들어진 암염층이 있었다. 1,000℃ 가까이 되는 용암이 흘러가며 석탄, 석유와 가스층을 줄지어 펑펑 터트렸을 것이다. 그리고 이 폭발로 또다시 막대한 양의 이산화탄소가 대기 중으로 쏟아졌을 것이다. 온난화를 만들어내는 능력이 이산화탄소보다 몇십 배나 뛰어난 메테인이 함께 만들어졌을 수도 있다.

용암이 시베리아를 덮기 이전의 지층과, 용암 분출 이후의 지층에 남아 있는 염소, 브롬 등을 비교한 연구가 있다. 염소와 브롬은 대표적인 할로젠 원소이다. 이 연구는 용암 분출이 대기 중에 할로젠 원소를 다량으로 방출했을 것으로 추정하고 있다. 프레온 가스(CFC)의 할로젠 원소는 성층권의 오존층을 파괴하는 것으로 알려져 있다. 대기 중으로 방출된 염소, 브롬 등이 오존층을 파괴했을 것이고, 태양은 간신히 숨이 붙어 있던 육지 생태계에 자외선이라는 막강한 에너지 광선총을 쏘아댔을 것이다. 꽃가루 화석에서 많은 양의 기형이 발견되는 원인이 될 수 있다.

바다는 어떻게 되었을까? 대기 중으로 방출된 이산화탄소는 바닷속으로 녹아 들어가 바다를 산성으로 만들었을 것이다. 이 바다의 산성화에는 이산화황도 한몫했을 것이다. 산성화된 바다는 탄산칼슘으로 이루어진 산호초를 녹여 몰살시키고, 산호초에 의지해 살고 있는 조개, 새우, 플랑크톤 들을 위협해 죽음으로 몰아갔을 것이다. 물론 죽은 바다 생물을 분해하기 위해 바닷속에 녹아 있던 산소의 상당 부분을 사용해야 했을 것이다. 게다가 올라간 지구의 온도는 바닷물의 온도도 함께 끌어 올려, 기체를 안고 있을 수 있는 능력인 기체의 용해도를 형편없이 낮추었을 것이다. 이런 과정을 겪으면서 바다는 점점 산소 부족으로 질식해갔을 것이다.

그렇다면 대멸종의 언저리에 왜 남조류가 폭발적으로 증가했을까? 우리나라도 여름철에 수온이 올라가면 질소, 인 등 영양분이 넘쳐나는 물에서 조류가 급증한다. 이러한 현상이 멸종의 그 순간 바다에서 일어났을 가능성이 크다. 산성비로 인해 땅 위의 암석들이 풍화되며 남조류에 양분을 조달하는 규산염, 인산염과 같은 영양 물질을 바다에 풍부하게 공급했을 것이다. 남조류의 급증은 바다를 온통 녹색의 미끈거리는 덩어리로 덮었을 것이고, 그나마 남아 있던 산소를 이 남조류가 다 써버렸을 것이다. 이제 바닷속 생태계는 질식사하게 된다.

그러나 바다에 산소가 사라지는 것으로 이 재앙이 끝나지 않았을 것이다. 무산소 상태에서 번식하는 세균에 의해 바다는 온통 달걀 썩는 냄새가 진동했을 것이다. 독성을 가진 황화수소가 발생하고, 이것이 바다 생태계에 치명적인 마지막 펀치를 날렸을 것이다.

미스터리 추리소설 《오리엔트 특급 살인》에서는 한 명의 승객이 피살을 당한다. 알리바이가 완벽한 용의자 열두 명이 수사선상에 오른다. 피살자는 한 명에게 살해당한 것이 아니라, 열두 명 모두에게 살해당한 것으로 밝혀진다. 한 명의 피살자, 여러 명의 범인. 이 소설처럼 페름기 말 지구를 결판낸 범인은 한 가지가 아니라 여러 가지의 얽혀 있는 요인들이다. 이 연결된 요인들을 따라가다 보면 가장 많은 연결점을 만들어내는 요인을 찾을 수 있다. 바로 대기 중 온실가스의 증가이다. 온실가스가 증가해서 기온이 올라가고, 온실가스가 증가해서 산성비가 내리고, 온실가스가 증가해서 산성 바다가 된다.

페름기 말 대기 중 이산화탄소 농도는 8,000ppm이라고 한다.

문제는
양이 아니라 속도다

2021년 2월 4일 현재, 대기 중 이산화탄소 농도는 419.12ppm이다. 페름기 말 대기 중 이산화탄소 농도는 8,000ppm이었다고 한다. 정말 다행이다. 오늘은 대량 학살의 방아쇠가 될 정도로 지구온난화가 일어나지는 않을 테니까.

그런데 여기서 우리가 놓치면 안 되는 것이 있다. 바로 시간이다. 지구는 거대한 시스템이고, 이 시스템은 매우 정교하게 스스로 균형을 잡아나간다. 예를 들어, 바다로 밀려들어 온 이산화탄소는 탄산이온이 된다. 그리고 육지로부터 유입된 금속광물과 결합해 탄산칼슘, 즉 석회암이 된다. 석회암은 시간이 지나면 해저 바닥으로 가라앉아 상상을 뛰어넘는 시간 동안 이산화탄소를 해저 지각 속에 가둔다. 바다는 어마어마한 양의 이산화탄소를 없애는 능력을 지니고 있다. 우리는 이렇게 바다가 이산화탄소를 포획한 증거를 즐기기도 한다. 자연 경관이 뛰어난 하롱베이, 중국의 장자제를 이루는 석회암은 모두 과거 바다였던 곳에서 만들어졌다. 이산화탄소를 탄산이온으로, 그리고 탄산칼슘으로 변화시키는 바다의 능력이 만들어낸 창조물들이다. 그러니 바다가 조금 산성화된다고 걱정할 일은 아니다.

그런데 이런 변환 능력의 작은 결함 하나는 지구의 속도로 그 과정이 이루어진다는 사실이다. 대기 중 이산화탄소가 석회암이 되기까지는 대략 10만 년이 걸린다. 오늘의 지구도 10만 년 뒤에는 바다가 더 많은 양의 이산화탄소를 받아들일 것이고, 그 결과 지구의 온도도 낮아질 것이다. 고작 10만 년만 흐른다면 말이다.

우리가 산업화로 대기에 대량의 이산화탄소를 빠르게 내놓기 시작할 때인 1880년경 대기 중 이산화탄소 농도는 280ppm이었다. 그 후 140여 년 동안 139ppm이 늘어나 지금은 419ppm이다. 100년에 약 100ppm씩 증가한 셈이다. 그런데 시베리아의 용암이 홍수처럼 분출하는 사건은 100만 년에 걸쳐서 일어났다. 페름기 말의 대멸종을 일으킨 대기 중 8,000ppm의 이산화탄소 농도

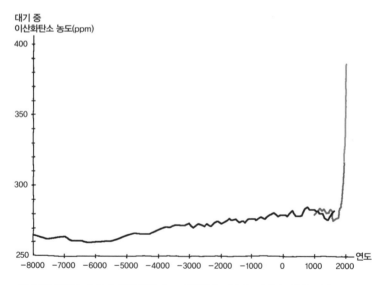

• 지난 1만 년간의 대기 중 이산화탄소 농도. 주황색은 마우나로아에서 관측한 것이고, 검은색과 회색은 각각 다른 지방의 빙하에서 측정한 값이다.

는 100만 년 동안 증가한 것이다. 100년에 대략 1ppm 증가한 셈이다. 1ppm과 100ppm, 대기 중 이산화탄소 농도는 현재의 증가 속도가 페름기 말에 비해 100배가 빠른 것이다. 이 계산이 너무 심하다 싶으면 생물들이 죽어나가던 대멸종이 일어난 6만 년이라는 기간으로 시간을 조금 줄여보자. 이 경우에도 100년에 약 10ppm이 증가했다. 그러니 현재의 대기 중 이산화탄소 증가 속도는 6만 년이라는 멸종의 순간보다도 10배가 빠른 것이다.

우리가 살고 있는 지금 여기는 페름기 말의 대멸종보다 10배(혹은 100배) 빠른 속도로 대기 중 이산화탄소가 늘어나고 있다. 대량 학살을 이끈 조건이 10배나 더 빨리 만들어지고 있다. 10배 더 빨리 바다가 산성이 되고, 10배 더 빨리 플랑크톤과 산호초가 죽는다. 10배 더 빨리 육지의 영양 물질이 바다에 풍덩풍덩 들어가고, 10배 더 빨리 해양 조류들이 번식하며 바다를 질식시킨다. 10배 더 빨리 기온이 올라가고, 10배 더 빨리 바다는 산소와 이산화탄소를 저장할 수 있는 능력을 빼앗긴다.

Ctrl+C
Ctrl+V

고생대 말과 중생대 초의 대멸종 사건은 오늘날의 상황과 너무나 닮아 있다. 대규모 화산 분출이 일으킨 기후변화와 그 기후변화가 연쇄적으로 일으킨 지구계의 여러 부분, 즉 바다, 대기, 지각, 생물계에서의 급격한 변화. 이 변화들은 닿지 말아야 할 한계를 훌쩍 넘어, 울리지 말아야 할 종을 치고 급변점을 넘으며 거의 모든 것을 쓸어버렸다. 닮은꼴로 진행되는 지금의 멸종 혹은 멸종의 전조들이 걱정스러운 까닭은 탄소가 대기 중으로 쏟아지며 폭주하는 속도가 그때보다 훨씬 빠르기 때문이다.

페름기 말 대멸종의 대학살 현장에서 간신히 생존한 몇 안 되는 생물종이 겨우 목숨을 이어가는 중생대 초, 단궁류는 거의 끝장났다. 간신히 목숨을 부지한 돼지를 닮은 리스트로사우루스가 굵고 짧은 송곳니로 황무지나 다름없는 트라이아스기의 대지를 뒤적인다. 바다에 사는 생물의 90~96%, 땅에 사는 생물의 70%가 완전히 자취를 감추었다. 지구 역사상 가장 큰 규모의 멸종이었다.

페름기 말의 대멸종을 '그레이트 다잉(Great Dying)'이라고도 부른다. 이 대멸종 이후 지구의 생명의 역사는 거의 다시 써졌다. 생태계의 피라미드에서 멸종이 일어나면 자연은 다시 그 빈자리를 메꾼다. 예를 들어, 고생대 데본기 돌판 같은 껍질의 판피어류와 턱이 없는 무악어류가 사라지고 상어와 가오리 등의 물고기가 그 자리를 대신했다. 고생대 말 페름기의 대멸종 뒤 바다 생태계에 거북이나 악어와 같은 해양 파충류가 등장했다. 이러한 해양 파충류의 등장은 공룡의 시대를 위한 징검다리 역할을 했다. 포유류의 먼 친척이었던 단궁류가 사라지고 파충류가 그 자리를 대신했다.

중생대 파충류의 제왕 공룡이 멸종하지 않았다면, 포유류가 생태계의 가장 꼭대기 자리를 차지하는 일은 일어나지 않았을 것이다. 한 종의 멸종은 또 다른 종에게는 기회다. 멸종은 새로운 진화의 시계를 돌리는 계기가 되기도 한다. 대멸종(Great Dying)은 또 다른 의미로 '위대한 죽음(Great Dying)'이다.

고생대 말에서 중생대 초, 즉 페름기와 트라이아스기 사이의 대멸종을 포함해 지구 역사에서 총 다섯 번의 대멸종이 있었다. 그때마다 어떤 종은 사라지고, 다른 종은 멸종의 위기를 아슬아슬하게 피하면서 진화했다. 하지만 그 멸종의 시간이 지날 때마다 변하지 않은 사실이 있다. 생태계의 가장 꼭대기에 있는 종은 예외 없이 사라진다는 것이다. 여섯 번째 대멸종을 걱정하는 오늘날, 지구의 생태계 가장 꼭대기에 호모사피엔스, 곧 인류가 있다.

2

무던하던 바다가

11년 만의
출현

2016년 바닷가 근처에 사는 두 사람이 콜레라균에 감염되었다. 질병관리본부는 즉각 두 사람에게서 검출한 콜레라균을 조사했다. 두 사람을 감염시킨 콜레라균의 유전자지문이 동일한 것으로 밝혀졌다. 하지만 질병관리본부가 보관하고 있는 250개의 콜레라균과는 일치하지 않았다. 두 사람의 콜레라균이 같다는 것은 감염원이 같을 가능성이 크다는 뜻이다. 광주광역시에 사는 59세의 남성 환자는 발병한 그 달 7~8일, 거제와 통영의 횟집에서 전복과 농어회를 먹었다. 거제에 사는 73세의 여성 환자는 14일, 거제 앞바다에서 잡은 삼치회를 교회에서 먹었다.

감염 경로와 관련해 세 가지 가설을 세울 수 있다.

첫째, 지하수 오염이다. 콜레라균에 오염된 지하수로 음식을 씻거나 요리하는 과정에서 감염이 일어났을 수 있다.

둘째, 세균을 전파한 제3의 인물이다. 콜레라는 코로나19 바이러스처럼 호흡기를 통해서 전염이 일어나지는 않는다. 제3의 인물의 손에 묻어 있던 균이 음식물로 옮겨 가고, 그 음식을 다른 사람이 먹었을 때 감염될 수 있다. 59세 남성과 73세 여성에게 감염을 일으킨 횟집과 교회는 섬의 반대편에 위치하며, 차로 30분 이상 달려야 한다. 그러므로 오염된 지하수에 의한 감염 가능성은 희박하다. 따라서 제3의 인물 감염원이 있고, 이 사람이 조리 과정에 참여했을 가능성을 의심해볼 수 있다.

셋째, 바닷물에서 나온 콜레라균이다. 물고기에 들어 있는 콜레라균을 먹어서 감염되었다고 추측할 수 있다. 당시 바닷물은 폭염으로 수온이 예년보다 6℃나 높았다. 콜레라균이 증식하거나 왕성하게 활동할 수 있는 환경으로 충분하다. 질병관리본부는 거제 앞바다에서 플랑크톤을 채취해 콜레라균을 검사했다. 동시에 제3의 인물 감염원에 대한 역학조사도 실시했다.

그런데 그 사이에 세 번째 콜레라 환자가 발생했다. 세 번째 환자는 64세의 남성으로 거제에 살고 있고, 19~20일에 지역 시장에서 정어리와 오징어를 구입해 집에서 구워 먹었다. 따라서 제3의 인물 감염원의 가능성은 배제되었다.

연이어 같은 지역에서 세 번째 환자가 발생하면서 콜레라 확산이 염려되었다. 질병관리본부는 환자와 접촉한 병원 관계자 등 주변 인물들의 감염 여부를 확인했다. 주변 횟집에서는 조리 과정이 깨끗한 음식점임을 강조하는 현수막을 앞다투어 내걸었다. 하지만 조리 과정이 아무리 깨끗해도 바닷물에서 콜레라균이 나왔다면, 이미 어패류 등이 감염된 상황이므로 아무 소용이 없다. 질병관리본부는 세 번째 환자의 콜레라균과 앞선 환자들의 콜레라균 유전자가 97.8% 일치한다는 사실을 밝혀냈다. 해양수산부와 질병관리본부가 공동으로 3주간 거제 먼 바다와 앞 바다 등 여러 곳에서 바닷물을 채취해 그 속의 플랑크톤에서 662회 콜레라균을 검사했다. 662번째 검사에서 드디어 콜레라균을 발견했다. 국내에서 콜레라균이 발견된 것은 2005년 이후 11년 만에 처음이었다.

바닷물에 콜레라균이 왜 생겼을까? 원양어선이 배의 수평을 맞추기 위해 선체에 넣은 해외의 오염된 바닷물이 원인일까? 아니면 올라간 해수 온도와 이로 인한 해류의 변화 때문일까? 미국의 한 연구에 따르면, 해수의 온도가 올라가면서 신종 콜레라균이 나타나고 감염 환자도 늘어나는 경향이 있다고 한다.

2020년 신종바이러스인 코로나19가 창궐했다. 코로나19는 글로벌한 경제 체제에 의지하고 있는 지구의 거의 모든 국경을 폐쇄시켰다. 하늘 길에 바리게이트를 치고, 해변을 폐쇄하고, 공장 굴뚝의 연기를 멈추게 했다. 도시가 폐쇄되었으며, 모임과 집회의 자유가 박탈되었다. 학교는 개학을 늦추었고, 모든 공공도서관과 복지관은 문을 닫았다. 거리는 황량하고 을씨년스러웠다. 순식간에 일어난 변화였다. 지구의 자전이 멈춘 것처럼 세상은 침묵과

어둠의 깊은 골짜기에 갇혔다.

코로나19의 직접적인 원인이 기후변화는 아니다. 하지만 많은 과학자는 코로나19와 기후변화가 연결되어 있다고 분명하게 말한다. 야생동물 박쥐에 있던 코로나19 바이러스가 종이 다른 인간에게 옮겨 갔고, 곧 세계적 대유행을 일으켰다. 코로나19 사태의 근본 원인은 야생동물의 서식지 파괴에 있다. 인간 사회의 과도한 개발이 숲을 파괴했고, 이것이 기후변화의 속도를 높였다. 기후변화는 다시 더 많은 야생동물의 서식지를 파괴했다.

사회적 거리두기는 코로나19의 근본적인 해결책이 될 수 없다. 백신이 필요하다. 하지만 백신을 개발하고 접종하는 동안 코로나19는 또 다른 코로나 n번이 되면서 무수히 많은 변종을 만들어낼 것이다. 그러므로 코로나19와 같은 바이러스 감염병의 근본적인 해결책은 사회적 거리두기나 백신 개발이 아닌 서식지의 보존이다. 서식지 보존은 산업화의 방향을 바꾸어 기후변화의 속도를 조절해야 가능하다.

기후변화가 심해지면 다양한 질병이 발생할 것이라는 경고는 이미 오래전부터 있었다. 기후변화와 산림 벌채가 습도 등 기후 조건을 바꾸어 바이러스의 전파 속도를 빠르게 한다. 또한 기온 상승은 모기 개체수를 늘려 뎅기열, 말라리아 등 모기를 매개로 하는 전염병을 확산시킨다. 기후변화로 나타나는 홍수, 가뭄, 해수면 상승 등이 감염 질환의 발생 빈도를 높인다. 2016년, 11년 만에 한국 해안에 등장한 콜레라균은 기후변화로 인한 해수의 온도 상승이 일으킨, 바다의 되먹임 현상일지도 모른다.

'열일'하는
바다

기후변화가 불러올 미래의 지구가 궁금하다면 바다를 관찰해야 한다. 바다와 기후는 한 몸이다. 바다는 지구의 넘쳐나는 열 쓰레기를 처리하고, 필요 이상의 탄소를 서서히 암석으로 만들어 장기간 보관한다. 표층과 심층의 해류를 움직여 위도 간의 열 불균형을 해소하고, 바다 생태계를 가동해 지구에 산소를 공급한다. 한마디로 바다는 땅의 지구와 공기의 지구를 관리하는 거대한 관리실이다. 바다는 오늘도 '열일'하고 있다.

바다는 첫 생명이 태어난 곳이고 그들을 진화시킨 요람이다. 어린 지구에 위험한 자외선이 날아다닐 때도 생물들은 바다에서 안전하게 살 수 있었다.

또한 바다는 평등을 중요시하는 여행자이다. 저 멀리 우주를 가로질러 온 태양 빛의 대부분을 흡수해 지구에서 열의 불균형 문제를 해결한다. 지구는 둥근 탓에 적도가 극 지역보다 더 많은 양의 태양 빛을 흡수한다. 이런 불균형을 바다는 대기와 함께 해결한다. 바다는 멈추어 있지 않고 흐른다. 마치 육지의 강줄기처럼. 어떤 바닷물은 바람을 따라 흐른다. 북반구에서는 적도에서 시작해 시계 방향으로 대양을 돌고, 남반구에서는 반시계 방향으로 돌며 수천 킬로미터를 달려 적도의 남는 열을 극으로 옮긴다. 지구의 자전도 이들의 움직임에 힘을 싣는다.

이러한 수평 방향의 순환은 다시 수직 방향의 순환과 연결된다. 수직 방향의 순환은 짭짤한 바닷바람이 닿지 않는 깊은 해저의 바닥까지 바닷물을 옮긴다. 밀도와 온도 차이가 만드는 수직 방향의 순환은 아주 길고 긴 여행이다. 이 여행으로 지구는 다시 한 번 열 균형을 맞출 뿐 아니라, 바다 생물에게 양분과 신선한 산소를 공급한다.

바다는 느리다. 무던한 성격의 바다는 조급하지 않다. 바다의 온도를 올리는 일은 쉽지 않다. 물 분자끼리의 결합은 다른 분자들 사이의 결합보다 힘이 세다. 전기적인 인력이 작용하기 때문이다. 열을 가해 온도를 높이려면 물 분자와 물 분자 사이의 거리를 벌려야 한다. 그런데 물 분자 사이의 전기적 인력 때문에 당기는 힘이 다른 분자들에 비해 커서 쉽게 멀어지지 않는다. 그래서 해안가의 기후는 매우 무던하다. 하루 동안의 기온 차이도 크지 않다. 물이 없는 사막은 한낮과 한밤중의 기온차가 대략 20~30℃ 이상이다.

또한 바다는 이산화탄소를 가두어 지구의 기온 상승을 막는다. 마치 충격을 줄이기 위해 차량에 붙어 있는 범퍼처럼 지구온난화의 충격 완화 장치 역할을 한다. 바다는 인류의 문명이 발달하면서 대기 중으로 쏟아낸 온실가스를 1년에 24~34억t가량 흡수한다. 충분한, 아주 충분한 시간이 흐른다면, 바다로 녹아 들어간 이산화탄소가 석회암이 되어 오랜 탄소 순환의 한 과정을 밟을 것이다. 그리고 다시 바다는 새로운 대기 중의 이산화탄소를 녹여낼 것이다. 언젠가 인간의 상상을 넘어서는 시간이 흐른 뒤에는 바다에서 만들어진 석회암이 육지가 되어 다시 대기로, 또다시 바다로 흘러가는 순환을 목격할 수도 있다. 바다가 없었다면 인류와 지구의 생물들은 일찌감치 문을 닫고 지구에서 퇴장했을 것이다.

'열일'하는 지구의 바닷물은 고작 지구 부피의 0.15%밖에 안 된다. 이렇게 작은 몸집으로 지구를 지켜내며 버티고 있다. 하지만 바다도 무한정 포용적일 수는 없다. 더는 견딜 수 없다는 바다의 신호가 포착되고 있다.

땀 흘리는 바다

바닷물의 온도가 올라가기 시작했다. 제일 꼭대기의 물뿐 아니라, 1,000m 깊이의 물 온도도 올라갔다. 바닷물의 온도가 올라가면 어떤 일이 벌어질까? 대기의 흐름을 흔들 것이다. 몬순(장마 혹은 계절풍)에 영향을 주어 갑자기 비가 많이 오는 지역과, 반대로 갑자기 비가 안 오는 지역이 생길 것이다. 태풍은 더워진 바다 위에서 한없이 힘을 키울 것이다. 또한 봄이 되면 바다에 끝도 없는 녹조 꽃이 필 것이다. 남세균과 같은 조류가 급격하게 번식하면서 일시적으로 바다 생태계에 큰 해를 입힐 것이다.

산호초는 살아 있으면서 동시에 죽어 있는 바다 바위이다. 탄산칼슘으로 만들어진 석회암 덩어리지만, 화려한 색의 염료 통에 들어갔다 나온 듯한 산호 바위는 살아 있다. 석회질을 만드는 산호를 비롯한 바닷속 작은 동물들이 모여서 한 덩어리로 얽혀 서로 의지하며 살고 번식한다. 산호는 붙어서 살며 움직이지 않는 고착 생활을 한다. 말미잘과 같은 부류인 셈이다. 산호는 1년에 딱 한 번 수정한다. 산호가 사랑을 나누는 날에는 난자와 정자를 한 주머니에 넣고 뿜어낸다. 주머니가 터지고 서로 다른 산호에서 나온 정자와 난자가 만나면 수정이 일어난다. 산호초 부근, 어느 날 산호들이 일제히 뿜어내는 사랑의 연기가 아련하게 바다를 수놓는다.

그런데 데워진 바닷물 때문에 산호초가 호되게 당하고 있다. 전 세계적으로 산호초가 죽어가고 있다. 서태평양의 그레이트배리어리프(대보초), 인도양의 차고스 제도, 대서양의 카리브 제도에서 산호가 하얗게 죽어가고 있다.

산호는 조류와 공생한다. 산호는 호흡할 때 나오는 이산화탄소를 조류에게 공급하고, 조류는 그 이산화탄소를 이용해 광합성을 한다. 그리고 광합성으로 만든 산소와 양분을 산호와 나눈다. 산호가 하얗게 탈색되는 백화 현상은 이 공생 관계가 깨지기 때문에 일어난다. 해수의 온도 상승, 산소 결핍, 바다의 산성화 등 다양한 원인으로 산호가 스트레스를 심하게 받으면, 공생 관계를 유지하던 조류를 쫓아낸다. 공생이 붕괴된 산호초 생태계는 영양 결핍으로 머지않아 굶어 죽는다. 이미 전 세계 바다의 산호초 70% 정도가 백화 현상을 겪고 있다. 백화 현상 후 산호는 10여 년 후면 다시 회복될 수 있다. 그러나 거대한 산호초 군락의 붕괴는 회복이 불가능하다.

물론 산호초는 고작 해저의 0.1%만을 덮고 있을 뿐이니, 인류가 지구에 머무는 동안 산호초가 다시 돌아올 수 없다 하더라도 큰일이 아닌 것처럼 보일 수 있다. 그런데 이 0.1% 정도의 산호초에 바다 생물의 25% 정도가 의지하고 있다. 산호초의 휘청거림은 바다 생태계라는 높은 건물의 기초가 무너지는 신호이다. 산호초는 많은 바다 생물이 알을 낳고 새끼를 키우는 곳이다. 산호초는 막대한 양의 이산화탄소를 처리한다. 그래서 산호초를 바다의 인큐베이터 혹은 바다의 열대우림이라고 부른다.

해수의 온도가 올라가며 발생하는 피해는 산호를 시작으로 여러 곳에서 일어나고 있다. 급변점의 위험을 알리는 요란한 경고가 바다에서 이미 시작되었다.

산성화되는
바다

바다는 산업혁명 이후 우리가 화석 연료를 사용하면서 배출한 열의 90~93%를 흡수했다. 또 바다는 인간이 문명을 발달시키면서 배출한 이산화탄소의 약 50%를 흡수했다. 바다에 과거보다 많이 녹아든 이산화탄소는 어떤 문제를 일으킬까?

이산화탄소는 바다에서 물과 반응해 수소이온(H^+)을 만든다. 이렇게 늘어난 수소이온은 바다의 pH(수소이온 농도)를 낮추어 산성도를 증가시킨다. 산업혁명 이후 pH 값이 0.1 정도 줄어들어, pH 8.2에서 pH 8.1이 되었다. 이 값의 변화가 크게 느껴지지 않을 것이다. 바다가 식초와 같은 pH 3 정도의 산성도를 갖는 일은 거의 불가능할뿐더러, 산성도 염기성도 아닌 중간 값인 pH 7보다 아래로 내려가는 일도 일어나지 않는다. 그러므로 바다의 pH 값이 조금 작아지는 게 무슨 큰 문제일까 싶다.

바다에는 단단한 골격을 지닌 생물들이 산다. 사람의 몸을 이루고 있는 단단한 뼈와 같은 성분으로 껍질을 만든다. 이런 껍질 뼈를 가지고 있는 생물에는 굴, 조개, 산호, 성게 그리고 플랑크톤이 있다. 인간의 뼈는 탄산칼슘이 주성분이다. 마찬가지로 이 바다 생물 껍질 뼈의 성분도 탄산칼슘이다. 탄산칼슘은 바다에 녹아 있는 칼슘이온과 탄산이온의 결합으로 만들어진다. 그런데 바다에 늘어난 수소이온이 탄산이온을 가로채 중탄산염을 만들어버린다. 결국 골격을 만들어야 하는 해양 생물은 원료를 구할 수 없어 탄산칼슘을 만들지 못한다. 또 탄산칼슘으로 이루어진 껍질 뼈는 수소이온 앞에서는 맥을 못 춘다. 석회암 지대에 수소이온 농도가 높은 비가 내리면 구멍이 뚫리고 석회암 동굴이 만들어지는 것처럼, 이들의 껍질 뼈도 조금씩 녹으며 약해진다.

이렇게 껍질 뼈를 가지고 있는 생명체들 말고도 바다에는 여러 종의 생명체들이 해양 생태계를 구성하고 있다. 불가사리처럼 골격을 만들지 않는 생물종은 오히려 바다에 녹아든 이산화탄소의 양이 늘면서 개체수가 늘어나는 것으로 보고되고 있다. 그러니 골격을 가지고 있는 몇몇 종이 멸종한다고 해서 걱정할 이유가 있을까?

눈에 보이지 않을 정도로 작고 보잘것없는, 멸종 위기에 있는 플랑크톤에게도 이름이 있다. '코코리토포레'는 장인급 보석세공사가 섬세한 손놀림으로 하나하나 무늬를 새겨 넣은 듯한 석회질로 이루어져 있다. 작은 꼬리로 헤엄도 친다. 코코리토포레는 열대에서 한대까지 전 세계의 바다에 산다. 살아서는 광합성으로 산소를 만들고, 죽어서는 천천히 바닷속으로 가라앉아 1년에 150만t이나 되는 석회석을 만들어 이산화탄소를 땅속으로 돌려보낸다. 또 5억 년 전쯤에 처음 등장해 깊은 바다의 밑바닥을 좋아하는 플랑크톤도 있다. 포라미니페라다. 포라미니페라는 비슷하게 생긴 친인척들만 27만 5천 종이나 된다. 몸에 구멍이 많다고 해서 유공충(有孔蟲)이라 불리는 이 플랑크톤은 1년에 4,300만t이나 되는 석회석을 퇴적하며 바다에서 이산화탄소를 없앤다.

그 밖에도 바다에는 바위, 산호, 전복, 조개, 소라의 껍데기에 얼룩무늬처럼 자라며, 이들에게 좋은 먹잇감이 되어 건강한 생태계를 만드는 석회조류가 있다. 석회조류는 바닷속의 이산화탄소를 석회석으로 돌려놓는다. 몸 안쪽이나 바깥쪽에 탄산칼슘으로 이루어진 단단한 골격을 가지고 있고 바닷물이 잘 드나들 수 있도록 온몸에 구멍이 숭숭 뚫린 해면동물(이 해면동물은 애니메이션 주인공인 스펀지밥이다), 그리고 아직 채 이름을 다 부르지 못한 플랑크톤들과 굴, 홍합, 고동, 성게, 산호, 게, 바닷가재 또한 바다속 탄소 순환에 열심히 동참하고 있다.

이들 가운데 몇몇 종이 바다에서 사라지는 게 문제가 안 될까? 바다 생태계 먹이 피라미드의 가장 아래층을 채우며 든든한 기초가 되어주는 이들 중 몇몇 종이 사라지는 게 진짜 별일이 아닐까?

얼음이 사라진 바다

1년 내내 녹지 않는 얼음이 있다. 그 얼음은 높은 산꼭대기에도 있고, 북극의 그린란드와 남극의 대륙에도 있다. 북극의 바다에도 얼음이 해빙으로 떠 있다. 이 거대한 얼음 덩어리들을 통틀어 '빙하'라고 부른다. 빙하가 녹은 물은 해수의 순환과 기후변화에 영향을 미친다. 그리고 해수면을 높이며 해안 지형을 변화시킨다.

빙하가 녹으면 바다에 소금기 없는 민물을 집어넣는 것과 같은 효과가 일어난다. 소금기 없는 민물이 들어가면 바닷물의 밀도가 그만큼 낮아진다. 그 결과, 바다의 밀도 차이가 작아지면서 수직 방향의 순환이 잘 일어나지 않는다. 지구의 기온이 온난하던 1만 3,000년 전, 갑자기 1,000여 년 동안 짧은 빙하기가 찾아왔다. 이 빙하기를 '영거드라이아스기'라고 부른다. 영거드라이아스기는

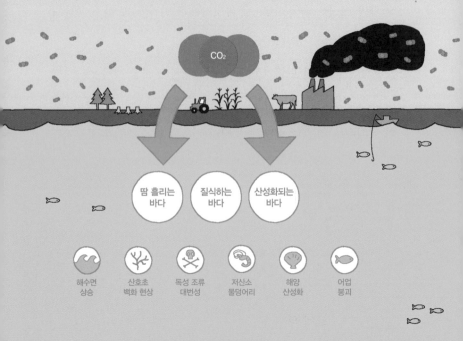

| 땀 흘리는 바다 | 질식하는 바다 | 산성화되는 바다 |

해수면 상승 · 산호초 백화 현상 · 독성 조류 대번성 · 저산소 물덩어리 · 해양 산성화 · 어업 붕괴

• 바다는 열과 이산화탄소를 흡수하며 지구를 기후변화로부터 지켜왔다. 그러나 지금 해양 생태계는 심각한 지경에 이르렀다. 돌이킬 수 없는 상황이 멀지 않았다는 신호가 들린다.

얼음이 녹은 물이 거대한 호수를 만들고, 호수의 물이 넘쳐 바다로 흘러 들어가면서 발생했다. 갑작스러운 빙하기는 지구의 기후변화가 해양의 수직 순환 속도를 느리게 만들어 일어난 사건이었다.

최근 연구에서 그린란드 부근에 있는 북극 바다 상층의 염분이 낮아지고 있는 것으로 관측되었다. 그뿐만 아니라 북대서양 심층수의 염분 또한 낮아지고 있다고 한다. 북대서양은 염분이 높아 밀도가 큰 바닷물이 가라앉으며 수직 순환이 시작되는 곳이다. 그런데 이 순환 속도가 20세기 들어 약 15%나 느려졌다.

지금은 인공위성으로 북극 바다 얼음의 면적을 측정한다. 북극 바다의 얼음은 겨울이면 커지고 여름이면 줄어든다. 여름철 북극 바다의 면적을 과학자들은 걱정하고 있다. 지구의 기온 상승은 여름 북극 바다에서 상당량의 얼음을 사라지게 했다. 사라진 북극 바다의 얼음 대신 드러난 짙푸른 바다는 훨씬 많은 양의 햇빛을 흡수한다. 흡수된 햇빛은 다시 바다의 얼음을 녹이고, 바다의 수온을 올린다. 스스로 현상을 강화하는 '양의 되먹임'이 북극 여름의 바다를 위태롭게 한다. 산업화로 대기 중으로 쏟아낸 이산화탄소는 북극의 바다에서 '양의 되먹임'을 일으키는 방아쇠가 되어버렸다. 산업화 이전 대비 1.5℃ 이내의 상승을 지켜내지 못하면, 여름 북극 바다의 얼음이 완전히 사라지는 일이 드물지 않게 반복될 것이라고 한다. 북극 바다 위의 얼음은 다시 얼 수 있다. 하지만 북극 바다의 얼음에 의지하는 생태계가 그 여름을 무사히 넘길 수 있을까?

빙하가 사라진 바다의 파도는 사납고 거칠다. 바람을 막는 얼음 덮개가 사라져 바람과의 마찰로 만들어지는 파도가 점점 더 거세 지기 때문이다. 온난화로 녹고 있는 영구동토층 또한 거센 파도에 파괴될 것이다. 지금 알래스카와 시베리아의 해안은 강한 파도 때 문에 침식이 심하게 일어나고 있다. 해안의 지도를 바꿔 그려야 할 정도로.

질식하는 바다

산소가 부족한 바다가 늘어나고 있다. 전 세계 바다에서 관측되는 현상으로, 국내에서도 마찬가지다. 또한 산소가 부족한 상태가 아 니라, 산소가 완전히 사라진 '죽음의 바다(Dead zone)'도 늘어나고 있다. 물고기는 바닷속에서 숨을 쉴 때 어떤 기체를 필요로 할까? 당연히 물고기도 산소로 호흡한다. 촘촘한 머리빗이 여러 개 포개 져 있는 것같이 생긴 아가미로 물속에 녹아 있는 적은 양의 산소 를 걸러내어 호흡한다.

물속에 산소가 줄거나 사라지는 원인은 여러 가지다. 해류, 수 온, 바닷속 생물 등 여러 원인들이 단독으로 혹은 함께 산소를 없 앤다. 예를 들어 물속에 녹아 있는 산소 양보다 그 산소를 사용하는 생물들이 갑자기 많아지면, 산소가 부족한 거대한 물 덩어리 지역이 생긴다. 이것을 '저산소물덩어리'라고 부른다. 산소가 전혀 없는 물 덩어리의 경우는 생물이 죽어나가기 때문에 '데드 존(Dead zone)'이라고도 부른다.

미국의 체서피크만에는 평소 플랑크톤이 바닷물 1ℓ에 1,000개체 정도 서식한다. 그런데 5,000개체 정도로 늘어나면 물고기나 조개가 죽는다. 최근 이곳에서는 플랑크톤 수백만 개체가 생기기도 했다. 왜 이런 일이 벌어졌을까? 저산소물덩어리는 주로 강과 바다가 만나는 지역에서 생긴다. 바다 생물의 양을 급격하게 늘리는 무엇인가가 강으로부터 흘러왔다는 추리가 가능하다. 생물이 살기 위해서는 온도 조건이 맞아야 하고, 산소와 양분이 필요하다. 강에서 흘러올 수 있는 것은 양분이다. 농업 비료, 차량 및 공장의 배출 물질, 쓰레기 등. 이런 것들이 모두 영양분을 제공하는 원인이 된다. 이런 물질들이 바다로 지나치게 많이 들어오면 영양이 넘치는 부영양화 현상이 일어난다. 물속에 영양이 많아지면 좋지 않을까? 사람 사는 사회나 자연이나 항상 균형이 중요하다. 과도한 영양 물질은 과도한 플랑크톤의 번식을 일으킨다. 물론 이 플랑크톤도 산소를 사용해 호흡한다. 또 빠르게 자라고 빠르게 죽는 대량의 플랑크톤 사체를 분해하는 데에도 산소가 쓰인다. 물속 산소의 대부분을 과도하게 늘어난 플랑크톤이 사용해버린다. 농업뿐 아니라 양식업도 해안의 부영양화를 일으켜 산소가 부족한 물 덩어리를 만든다.

 그런데 더 큰일이 생겼다. 바로 기후변화로 인한 바닷물의 온도 상승이다. 지구의 온도가 올라가면서 산소가 부족한 물 덩어리의 크기가 커지기 시작했다. 미국의 체서피크만, 멕시코만, 그리스, 러시아, 아드리아해, 스웨덴, 일본, 오스트레일리아, 뉴질랜드 등 저산소물덩어리가 전 세계적으로 확대되고 있다. 한국도 마산만, 진해만, 여수강 어귀에서 매년 여름이면 산소가 부족한 물 덩어리가 해양 생태계를 위협하고 있다. 1950년만 해도 50개 정도였던 것이 최근 500개가 관찰되고 있다. 10배가 증가했다.

 게다가 깊은 바다에서도 산소가 부족해지고 있다. 제일 상층의 물인 표층수는 항상 공기와 닿아 있어서 대기 중 산소의 일부가 물속으로 녹아든다. 그리고 이 표층수가 아래로 내려가는 순환 과정을 통해 보다 깊은 곳의 생물들이 산소를 공급받는다. 아주 깊은 곳에서는, 남극이나 북극처럼 산소가 풍부하게 녹아 있는 극 지역의 차가운 물이 바다의 바닥까지 내려가 하나의 거대의 해류를 형성한다. 이 해류가 전 세계를 여행하며 깊은 바다에 산소를 공급한다. 그런데 지구의 기온 상승으로 표층수의 수온이 많이 올라가면, 표층수가 아래로 내려가는 순환이 일어나지 않는다. 온도가 올라가면 부피가 팽창하고, 부피가 팽창하면 밀도가 낮아져 바람에 의해 표층의 물이 잘 섞이지 않기 때문이다. 또 수직 방향 순환의 시작점인 극 지역은 지구의 기온이 올라가면 얼음이 녹은 물이 유입되어, 염분 농도가 낮아지면서 밀도도 낮아져 표층수가 가라앉지 못한다.

이렇게 산소가 없는 환경이 되면, 해저에 쌓인 퇴적물이 산소를 쓰지 않는 세균에 의해 황화수소 가스를 발생시킨다. 흔히 화산 지역에서 쉽게 맡을 수 있는 달걀 썩는 냄새, 그런 냄새가 나는 가스이다. 독가스인 황화수소는 생물에게 치명적이다.

거대하고 위대하고 아름답기까지 한 우리의 바다가 온갖 쓰레기로 가득 차고, 산소가 없어서 질식하는 데다, 독가스에 시달리고 있다.

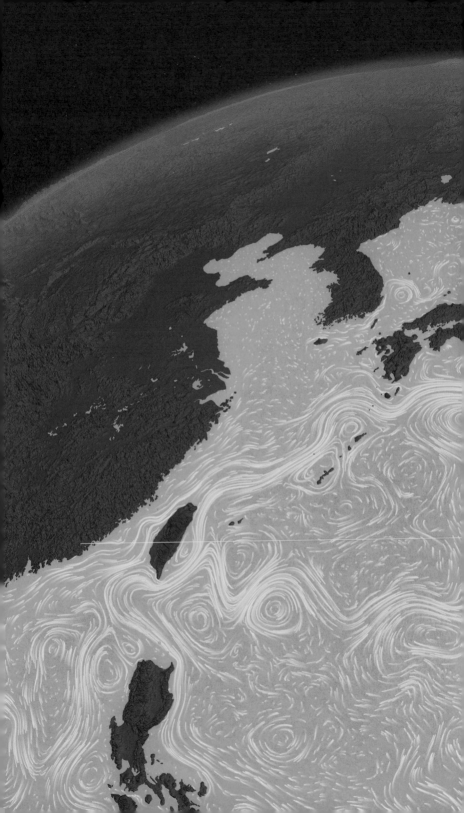

3

바다와 대기의
수상한 컬래버

미 항공우주국(NASA)이 공개한 지구 해류의 움직임을 분석한 영상의 일부이다.

수상한
전단

속초항에 수상한 전단이 나붙었다. 2014년부터 '명태 살리기 프로젝트'를 시행하면서 수배 전단을 뿌렸다. 현상금도 있다. 바로 명태를 찾는 수배 전단이다. 웃자고 하는 이야기가 아니다. 강원도 해양심층수수산자원센터에서 추진하고 있는 프로젝트이다. 즉, 살아 있는 우리나라 명태를 찾아 인공 수정시켜 명태의 부활을 꾀한다. 어떻게 되었을까? 가까스로 숨이 끊어지지 않은 암컷과 수컷 명태로 어렵게 인공 수정해서 시험관 명태를 탄생시키는 데 성공했다. 2015년부터 이렇게 태어난 어린 명태들을 동해에 풀어주고 있다. 그 시험관 명태들이 우리 바다에 잘 적응해 다시 돌아오길 간절히 기다리면서.

2016년에 꼬리표를 붙여서 바다에 풀어준 명태 1,000마리 중 다음 해 2월에 꼬리표를 달고 돌아온 한 마리를 발견했다. 여러분

• 집 나간 명태 수배 전단

도 꼬리표를 등지느러미에 부착한 명태를 혹시 만나면, 꼭 국립수산과학원 동해수산연구소에 알리기 바란다. 명태가 돌아오길 눈이 빠지게 기다리고 있다.

한국에서 명태가 사라진 이야기를 들었을 것이다. 그리고 "개도 명태를 물고 다녔다"라는 풍어의 옛 시절 이야기도 들은 적 있을 것이다. 지금 우리가 먹는 명태는 100% 러시아산으로, 한국 어선이 러시아 바다로 나가 잡아 온 것이라는 사실도 모르지 않을 테다. 왜 이렇게 명태 씨가 말라버렸을까? 여러 추측들이 있지만, 그중에서 유력한 두 가지가 있다. 하나는 명태를 너무 많이 잡아서 아예 씨가 말랐다는 주장이다. 이 주장을 조사하다 보면 우습고도 한심해서 슬픈 이야기가 따라 나온다. 노가리가 명태 새끼인지 아닌지에 대한 논쟁이다.

바다에서 오랫동안 고기를 잡은 어부들은 잘 아는 사실이 있다. 어린 새끼를 잡으면 다음 해나 그다음 해에는 고기가 아예 없어진다는 것이다. 그래서 1963년, 길이가 27cm 이하인 명태는 잡지 못한다는 법이 만들어졌다. 물론 법이 있어도 못된 짓을 하는 사람들은 여전히 있기 마련이다. 정부 또한 적극적으로 단속하지 않았다. 심지어 이상한 논리를 만들어 1970년에는 길이 27cm 이하의 명태는 잡지 못한다는 법조항을 없애버렸다. 정부가 어부들에게 이렇게까지 선심용 정책을 편 데에는 분단 상황이 작용했다는 주장도 있다.

"에, 그러니까 명태 새끼가 실은 명태 새끼가 아니라 노가리라는 딴 어종이어서 잡아도 문제가 되지 않습니다."

노가리? 정확히는 명태의 어린 새끼, 덜 자란 명태를 말한다. 2000년대 초까지도 노가리는 아주 값싼 술안주였다. 주머니 사정이 넉넉지 않았던 서민들은 생맥주 집에서 가장 값싼 노가리 구이를 단골 안주로 삼았다. 그만큼 많이 잡아서 가격이 매우 쌌다. 상황이 이렇게 되자 한 대학원생이 급기야 논문을 썼다. 노가리는 명태의 덜 자란 새끼라는 것을 학술적으로 밝혔다. 이미 모두가 다 아는 사실을 구태여 학술지에 실어야 할 만큼 억지스러운 상황이었다. 〈노가리와 명태에 대한 형태학적 고찰〉이라는 이 논문은 노가리와 명태의 척추 뼈, 지느러미, 아가미, 머리의 모양을 비교해서 노가리는 명태의 어린 새끼라고 말할 수 있을 것 같다는 결론을 내렸다. 오죽하면 대학원생까지 나서서 이런 논문을 썼을까.

법이 있을 때에도 대형 어선들이 명태의 어린 새끼까지 잡아 명태어장이 휘청거렸는데, 이제는 아예 합법적으로 명태가 아니라고 우기며 노가리를 잡았다. 그러니 어떤 일이 벌어졌을까? 갑자기 동해안에서 잡힌 명태의 숫자가 급격하게 늘어났다. 그렇게 잡힌 명태 중 91%가 어린 새끼인 노가리였다. 2006년 다시 길이 27cm 이하의 명태 새끼를 잡지 못하도록 하는 법이 부활했지만, 이미 명태는 동해안에서 사라지기 시작했다. 아직도 누군가가 별로 신뢰성이 없는 허황된 이야기를 하면 "노가리 까지 마라"라고 말한다. 얼마나 많은 사람들이 값싼 노가리를 안주 삼아 술을 마셨기에…….

동해안의 명태가 사라진 다른 이유로 바닷물의 온도 변화를 들기도 한다. 명태는 차가운 물을 좋아하는 물고기다. 그래서 주로 200m 정도 깊이의 차가운 바닷물에서 산다. 그러다가 알을 낳을 때는 위로 올라온다. 그런데 지구의 기온이 오르면서 바닷물의 온도도 따라 올라 명태가 알을 낳고 부화하는 데 영향을 주었을 것이다.

명태는 차가운 물을 따라 철새처럼 이동하는 물고기이다. 바다는 육지에 비해 수온 변화가 크지 않다. 그래서 물속에 사는 생물은 아주 작은 온도 변화에도 민감하다. 물고기도 바다의 철새처럼 알맞은 물의 온도를 따라서 옮겨 다닌다. 명태는 찬물을 좋아하므로, 차가운 물이 우리나라까지 내려오는 겨울철에 그 해류를 따라 왔다가 산란을 하고 날이 따뜻해지면 다시 추운 북쪽으로 올라간다.

그런데 기후변화로 북쪽에서 동해안을 따라 내려오는 차가운 해류인 북한한류가 동해안까지 충분히 내려오지 못하게 되었다. 그에 따라 한때는 개도 물고 다니던, 고양이는 쳐다보지도 않던 그 흔한 명태가 한국에서 사라졌다.

바닷물의 여행

해류를 따라 물고기들이 이동한다. 눈에 보이는 것만이 존재하는 것의 다는 아니다. 오히려 눈에 보이지 않고 미처 눈치채지 못한 존재들이 더 많다. 바다도 그렇다.

바다는 흐른다. 바람은 파도를 만든다. 빛은 파도를 쫓아 파장에 따라 산산이 부서진다. 부서진 빛은 다시 뭉치며 하얀색의 포말이 된다. 이 바다의 세계 여행에 지역에 따라, 계절에 따라 서로 다른 바다 손님들이 함께한다.

계절이 바뀌면 바다의 물길도 달라진다. 차가운 바람이 대기를 단단하게 조일 때 북쪽에서 내려오는 차가운 한류가 남쪽으로 길게 길을 낸다. 그 길에 많은 생명들이 산다. 거대한 꽃이 입을 벌렸다 오므리듯 우아하게 헤엄치는 해파리 무리가 있다. 속이 비었다고 해서 강장동물로 불리는 이 해파리는 말미잘, 산호와 사촌이다. 해파리는 항문이 입이고 입이 항문이다. 이들은 번거롭지 않아 오히려 잘 살지도 모른다. 멀리 남쪽으로 밀려나는 따뜻한 바닷물을 따라 이사하는 작은 멸치들의 거대한 행진은 잘게 부서진 햇빛 같기도 하고 화살 같기도 하다. 이 은빛 화살의 무리는 다음 해 봄이 되면 다시 돌아올 것이다.

계절에 따라 바다에 다른 바람이 불듯 달라지는 물길을 한류 또는 난류라고 부른다. 북쪽에서 내려오는 차가운 한류와 남쪽에서 치고 올라가는 따뜻한 난류. 이 난류와 한류가 계절에 따라 자리를 바꾸면, 그 온도 변화를 따라 다양한 바다 생명이 차례로 다녀간다. 그래서 어부는 해류를 기다린다.

이 바다의 흐름은 대기의 움직임이 만든다. 하염없이 부는 바람과 표층수 사이의 마찰력의 영향으로 바닷물은 저위도에서 고위도로, 또 고위도에서 저위도로 부지런히 순환한다. 이 흐름에 남는 열을 실어, 열이 부족한 고위도로 보낸다. 가끔 열은 열대의 바다에서 만들어진 열대성 저기압인 태풍에 의해 고위도로 순식간에 보내지기도 한다.

지구의 냉난방 장치
해류

바닷물의 여행은 크게 두 가지로 나뉜다. 하나는 바다의 표층에서 수평 방향으로 향하는 여행이다. 다른 하나는 표층 아래에서 시작해 더 깊은 곳까지 움직이는 수직 방향의 여행이다. 물론 표층 아래에서 일어나는 여행, 즉 수직 방향의 순환이 바다에서 일어나는 순환의 대부분을 차지한다. 아주 긴 세계 여행이다. 바닷물이 전 세계를 여행하려면 1,500~2,000년이 걸린다. 이러한 바다의 긴 여행에는 보이지 않는 목적이 있다. 긴 여행을 하며 바다는 지구의 온도를 조절하고, 깊은 바다에 산소를 공급하며, 바닷속 생태계에 염분과 영양분을 골고루 나눈다.

멕시코만의 따뜻한 표층해류는 바람에 이끌려 북극으로 이동하며 고위도의 추위를 누그러뜨린다. 같은 위도의 나라여도 적도에서부터 올라온 따뜻한 멕시코 만류가 북대서양 해류로 이어지는 부근의 나라들은 겨울철이 그리 춥지 않다. 예를 들어 노르웨이의 겨울철 평균 기온은 영하 5℃, 해류의 영향을 받지 못하는 러시아 내륙의 온도는 영하 20℃다. 멕시코만에서 고위도로 올라가는 난류의 따뜻한 표층수는 부지런히 물을 증발하며 염분 농도를 높인다. 점점 중력의 영향을 더 크게 받는다. 이제 흘러가는 지역이 달라지며 북대서양 해류로 이름을 바꾼다. 북극 부근에 이르면

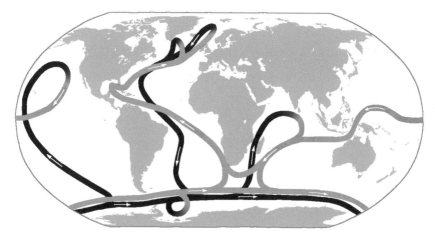

• 해수는 표층(주황색)과 심층(검은색)의 순환이 연결되며 흐른다. 이 흐름을 통해 지구의 온도를 조절하고 산소, 염분 등을 이동시킨다.

몸을 바짝 웅크리게 만드는 차가운 공기의 영향으로 밀도가 더 커진다. 가라앉을 수 있을 만큼 충분한 밀도다. 이제 아래로 저 아래로 깊이 잠수하며 순환한다. 주로 북극 주변 그린란드의 동쪽 바다나 남서쪽 바다에서 대부분 가라앉는다. 홍해나 페르시아만에서도 지독하게 짠 바닷물 탓에 심층으로 내려가기도 한다. 하지만 그 양은 적다.

북반구에서는 유독 북대서양 그린란드 부근의 북극 바다에서만 해수가 가라앉는 침강이 일어난다. 태평양 부근의 북극 바다에서 침강이 일어나지 않는 까닭은 염분 때문이다. 태평양은 대서양보다 싱겁다. 북아메리카에 있는 높은 산맥들이 태평양에서 증발해 동쪽으로 부는 편서풍에 실려 대서양으로 이동하는 수증기를 가둔다. 태평양의 수증기가 만든 구름은 북아메리카의 높은 산을 넘지 못하고 비로 쏟아진다. 하지만 대서양에서 증발해 무역풍에 실려 태평양으로 이동하는 수증기를 방해할 높은 산맥은 없다. 오히려 거의 뚫려 있다시피 한 파나마 운하가 있을 뿐이다. 대서양 출신의 수증기는 태평양으로 이동할 수 있지만, 태평양 출신의 수증기는 다시 태평양으로 돌아간다. 태평양은 대서양보다 염분 농도가 낮아서 깊은 바다로의 여행을 시작할 수 없다.

수직 방향의 순환을 시작한 바닷물이 빛 한 점 들어오지 않는 북극해의 바닥에 다다르면, 바닷물은 남쪽으로 방향을 잡고 적도를 가로질러 남극으로 향한다. 극에서 극으로 가는 여행의 시작이다. 북대서양에서 가라앉고 바다의 깊은 곳을 흐른다고 해서 이 물의 흐름을 '북대서양 심층수'라고 부른다. 북대서양 심층수는 적도를 가로지르는 긴 여행에서 서서히 온도가 오르고 주변에 염분을 나누며 밀도가 작아진다. 그 결과, 남극 바다 부근에 이르러서는 약간 위로 올라간다.

남쪽으로 내려왔으니 이제는 북쪽으로 돌아가야 할 차례다. 돌아가는 길에 인도양과 태평양에서 대기와 다시 만난다. 물론 이 흐름은 여기서 멈추지 않는다. 태평양과 인도양에 많이 쌓여 있는 열을 거두어 북대서양에서 멕시코 만류로, 다시 북대서양 해류로 이어지는 수평 방향의 흐름이 이어진다.

한편 남극 바다에서는 바다 표면이 얼어붙으면서 깊은 바다로의 여행이 시작된다. 멕시코 만류처럼 증발이 활발하게 일어날 수 있는 조건이 아닌 이곳에서는 다른 방법을 찾는다. 바다를 얼린다. 바다는 얼 때 순수한 물만을 얼린다. 얼음에서 제외된 염분이 쌓이면서 남극의 바닷물도 충분히 밀도가 커진다. 밀도가 커진 바닷물이 가라앉는다. 바닥에 내려가 '남극 저층수'가 되어 북쪽으로 방향을 잡고 적도로 흐르는 여행을 시작한다. 남극 저층수는 4,000m나 되는 깊은 바다에 숨통을 틔운다. 찬 남극 바다 덕에 대기의 산소를 충분히 녹여 운반할 수 있다. 기체는 차가운 물에 더 많이 녹는다.

해류는 아주 느리지만 거대한 힘으로 지구의 냉난방과 여러 일들을 묵묵히 해치우며 지금도 전 세계를 돌고 있다. 느리지만 거대하고 아름답고 숭고한 순환이다. 그런데 최근 이 거대한 순환이 점점 느려지고 있다는 관측들이 있다. 북극 바다의 얼음이 사라지고, 그린란드 육지 위의 빙하가 녹아내려 염분을 낮추며 시작된 일이다. 물론 해류의 수직 방향 순환이 느려지는 건 큰일이 아닐지도 모른다. 그런데 북대서양 심층수가 잘 가라앉지 않으면, 뒤따라오던 북대서양 표층해류의 흐름이 느려진다. 그에 따라 염분이 높은 물을 충분히 운반하지 못하게 되므로 가라앉는 속도는 더 낮아진다. 스스로 현상이 증폭되는 '양의 되먹임' 현상이 발생할 수 있다. 해수의 온도가 지금보다 더 올라가면, 더 이상 바닷물이 가라앉지 않으면서 바다의 순환이 멈춰버리는 황당한 일이 일어날 수 있다. 한번 멈춘 바다의 거대한 순환은 인류가 지구에 머무는 동안 다시 정상적인 순환을 시작하기는 쉽지 않을 것이다. 돌이킬 수 없는 급변점에 도달하면 말이다. 과학자들은 지난 1,000년 동안 최근처럼 북대서양 해류의 흐름이 느려진 적이 없었다고 말한다.

안초비
실종 사건

바다의 흐름인 해류의 비정상적인 변화가 심층 순환에서만 일어나는 것은 아니다. 멸치 이야기로 시작해보자. 우리나라의 멸치와 비슷한 작은 물고기가 남미에서 많이 잡힌다. '안초비'라 불리는 이 물고기는 페루와 에콰도르의 어부들에게 큰 돈벌이다. 전 세계에 가축 사료와 물고기 양식장의 사료로 안초비 가루를 독점하다시피 공급한다. 한국에서도 안초비 가루를 해양 양식의 사료로 많이 사용한다.

이렇게 큰 시장을 만들어낸 남미의 안초비가 가끔 모습을 감춰버리는 일이 벌어진다. 안초비는 주로 차가운 물을 따라 몰려다닌다. 차가운 물에 양분이 풍부하다. 안초비는 작고 빨리 자라므로 바닷물의 환경에 더욱 민감하다. 페루 해수면의 온도가 올라가면 안초비는 잘 번식하지 못하고, 아예 차가운 물을 따라 이동해버린다. 그래서 바닷물의 온도가 올라가면 어획량이 대폭 줄어든다.

페루와 에콰도르 앞바다에는 왜 차가운 물이 자리하고 있을까? 적도의 열대 바다인데 말이다. 페루와 에콰도르의 앞바다는 깊은 곳에서 차가운 바닷물이 올라온다. 이것을 '용승 현상'이라고 한다. 남반구의 적도 부근에는 남동 무역풍이 분다. 여기에 지구 자전의 효과가 더해지고, 해안에서 부는 바람과 해저 지형 등의 영향으로 페루와 에콰도르 연안의 표층수가 먼 바다로 밀려난다. 밀려난 표층수의 자리를 메우기 위해 아래로부터 물이 솟아오른다. 이러한 용승 현상 때문에 적도인데도 바닷물이 차다. 찬 바닷물 덕분에 엄청난 양의 안초비를 1년 내내 잡을 수 있다.

그런데 페루 앞바다에서 바닷물이 따뜻해지며 안초비가 갑자기 잡히지 않는 시기가 있다. 보통 아기 예수가 태어난 크리스마스 즈음 몇 주 동안이다. 어부들은 이것을 남자아이라는 뜻의 '엘-니뇨(the boy=el Niño)'라고 부른다. 반대로 바닷물이 보통 때보다 차가워지는 현상을 여자아이라는 뜻의 '라-니냐(the girl=la Niña)'라고 부른다. 그런데 페루 앞바다의 수온이 높아지는 기간이 몇 주로 끝나는 것이 아니라 몇 개월씩이나 지속되는 이상 현상이 2~7년의 불규칙한 주기로 일어나고 있다. 오늘날 과학자들은 페루와 에콰도르 앞바다, 즉 열대 동태평양의 따뜻한 수온이 비정상적으로 수개월 동안 지속되는 현상을 페루 어부들이 사용한 용어를 빌려와 '엘니뇨'라고 부른다.

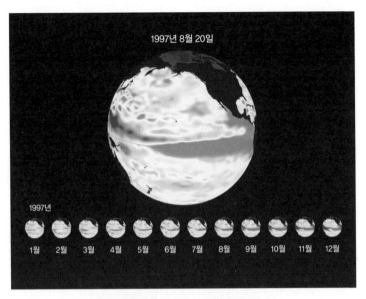

1997년 8월 20일

1997년

1월 2월 3월 4월 5월 6월 7월 8월 9월 10월 11월 12월

• 엘니뇨 현상 위성사진. 자료 : 미국해양대기청(NOAA)

　엘니뇨 현상을 우주에서 보내온 사진으로 이해해보자. 위성에서 해수면의 높이를 측정한 사진이다. 위성에서 발사한 레이더가 해수면에서 반사되어 돌아오는 시간으로 해수면의 높이를 측정한다. 사진에서 주황색은 평균보다 해수면의 높이가 높고, 회색은 평균보다 해수면의 높이가 낮다. 해수면의 높이가 높은 곳은 수온이 더 높다. 따뜻한 표층수가 그만큼 더 많이 모여 있어서 해수면이 높고 수온도 올라간다. 1997년 1월, 동쪽 태평양은 회색으로 수온이 더 낮다. 그런데 시간이 지나면서 따뜻한 물이 서서히 서태평양에서 동태평양으로 움직인다. 5월에는 따뜻한 바닷물이 동태평양으로 모여든다. 1997년은 강력한 엘니뇨가 발생한 해이다.

동태평양에 모여든 따뜻한 해수가 12월까지 계속 머물고 있다.

정상적인 상태라면, 태평양의 열대 바다에서는 무역풍이 지속적으로 불어야 한다. 북반구에서는 북동풍으로, 남반구에서는 남동풍으로 적도를 향해 끊임없이 부는 바람 덕분에 15세기 포르투갈의 커다란 돛을 단 범선들은 바람이 부는 이 길을 이용했다(중세 영어에서 경로, 길이라는 의미로 '트레이드(trade)'를 사용하며 붙여진 것이 '무역풍'으로 잘못 번역되어 불리게 되었다). 이 무역풍이 동쪽에서 서쪽으로 흐르는 긴 해류를 만든다. 적도에서 흐르기 때문에 '적도해류(북적도해류, 남적도해류)'라고 부른다. 적도해류는 열대의 뜨거운 태양 아래 잘 데워진 표층수를 동쪽에서 서쪽으로 몰고 간다. 그런데 그림의 1997년은 슈퍼 엘니뇨가 일어난 해이다. 동쪽 태평양에 표층수가 많이 모여 있어서 평년보다 해수면이 높고 수온도 높은 것으로 나타난다.

안초비가 좀 덜 잡히는 것 때문에 세상이 이렇게 호들갑을 떠는 것일까? 물론 엘니뇨로 안초비 어획량이 떨어지며 페루 GDP가 4.5% 급락했다. 그런데 페루나 에콰도르에서 한참이나 떨어진 한국 기상청에서 왜 엘니뇨와 라니냐 전망 자료를 제공할까?

남반구의 시소 타기
엘니뇨와 남방진동

20세기 초 영국 식민지령이었던 인도에서 이야기를 풀어보자. 당시 인도에는 영국에서 파견한 길버트 워커(Gilbert Walker)가 기상청장으로 일하고 있었다. 그는 인도에 살면서 몇 년을 주기로 가뭄과 홍수가 번갈아 발생하는 것을 이상하게 생각했다.

'가뭄과 홍수가 왜 약속이나 한 듯 번갈아가며 나타날까? 일단 수집할 수 있는 모든 기상 관련 데이터를 모아서 연구해야겠어.'

1923년 워커는 여러 데이터를 면밀하게 검토하다가 주기적인 변화를 발견했다. 인도네시아 부근 서태평양의 기압 변화와 이스터섬 주변 동태평양의 기압 변화가 반대로 움직이고 있었다. 즉 인도네시아 부근 서태평양의 기압이 올라가면 이스터섬 주변 동태평양의 기압이 내려가고, 반대로 동태평양의 기압이 올라가면 서태평양의 기압이 내려가고 있었다. 예외 없이 정확하게 이런 기압 변화가 일어났다. 시소를 타듯 진동하는 기압 변화를 발견했다. 그래서 이 기압의 시소 타기를 남반구에서 일어나는 진동이라는 의미로 '남방진동(Southern Oscillation)'이라고 불렀다.

한편, 엘니뇨는 수온 변화가 시소를 탄다. 동태평양과 서태평양에서. 적도 태평양에서 꾸준히 서쪽으로 불고 있는 북동무역풍과 남동무역풍의 영향으로 동태평양의 따뜻한 표층수는 서쪽에서

차곡차곡 쌓인다. 그래서 적도 서태평양은 보통 0.5m 정도 적도 동태평양보다 해수면이 높다. 또 페루나 에콰도르 앞바다에서는 이렇게 빠져나간 표층수를 보충하기 위해 밑에 있던 차가운 바닷물이 용승하기 때문에 서쪽 바다에 비해 약8℃ 정도 해수의 온도가 낮아진다.

따뜻한 물이 모여 있는 서태평양에서는 더운 공기가 상승하면서 만들어진 저기압대의 영향으로 구름이 생기고 비가 내린다. 상승한 공기는 상층에서 적도를 따라 동태평양으로 움직인다. 그리고 동태평양의 차가운 해수 부근에서 하강하며 연속적으로 순환하는 고리를 만든다. 공기가 하강하는 동태평양에는 고기압이 위치하므로 구름 한 점 없는 맑고 건조한 날씨가 이어진다. 이런 순환이 태평양 적도 부근에서의 평상시 모습이다.

그런데 분명한 이유를 알 수 없으나, 무역풍이 약해지면서 따뜻한 해수가 서태평양으로 충분히 움직이지 못하는 현상이 발생한다. 따라서 동태평양에서의 용승도 약해진다. 서태평양에 높이 쌓여 있던 따뜻한 바닷물이 상대적으로 높이가 낮은 동쪽으로 되밀려 오기도 한다. 따뜻한 바닷물의 위치가 서쪽에서 동쪽으로 이동하면, 이제 바다 위의 공기 순환은 방향을 반대로 바꾼다. 따뜻한 바닷물이 모여 있는 동태평양에서는 상승하는 저기압에 의해 구름과 비가 생기고, 공기가 하강하는 서태평양에서는 고기압에 의해 당연히 와야 할 비가 오지 않아 가뭄이 생긴다. 그리고 이 가뭄

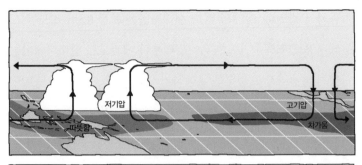

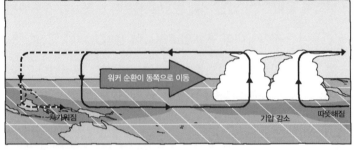

• (위) 정상 상태의 워커 순환. (아래) 엘니뇨 상태의 워커 순환. 엘니뇨가 일어난 해는 전체적인 워커 순환이 동쪽으로 이동한다.

으로 대형 산불이 일어나기도 한다.

　길버트 워커가 남방진동 현상을 밝히고 35년 정도가 흐른 뒤, 엘니뇨와 남방진동이 대기와 해양이 한 몸처럼 상호작용하며 나타나는 현상이라는 사실이 밝혀졌다. 적도 태평양의 양쪽에서 일어나는 기압의 시소 타기는 기압 변동만이 아니라 표층 수온의 변화와 관련 있다. 수온이 올라가면 주변의 대기 온도를 높여 상승 기류가 만들어진다. 주변보다 공기의 밀도가 작아져 그곳에 저기압이 위치한다. 반대로 차가운 바닷물 부근의 공기는 냉각·압축

되어 고기압이 위치한다. 공기의 이동인 바람은 고기압에서 저기압으로 분다. 끊임없이 공기가 고기압에서 저기압으로, 즉 수온이 낮은 곳에서 높은 곳으로 분다. 그 바람을 따라 따뜻한 표층의 해수도 이동한다.

이번에는 기압에 우선권을 주고 이야기를 풀어보자. 고기압에서 저기압으로 공기가 이동하며 따뜻한 표층수를 저기압 쪽으로 옮기면, 저기압 부근에는 따뜻한 해수가 모여 수온이 상승한다. 그래서 기압 배치가 바뀌어 수온이 변화하는지, 수온이 바뀌어 기압 배치가 변화하는지 명확하지 않다.

이렇게 엘니뇨와 남방진동이 대기와 해양의 상호작용에 따른 한 덩어리의 현상임이 밝혀지면서, 엘니뇨(el Niño)와 남방진동(Southern Oscillation)의 글자를 조합해 '엔소(ENSO)'라고 부르게 되었다.

원숭이 엉덩이는 빨개

그렇다면 엔소는 지구에 어떤 영향을 미칠까? 지구에서 대기와 해양만큼 서로 단짝을 이루며 행동하는 시스템(계)도 드물다. 적도 태평양의 동쪽인 페루 앞바다의 수온 상승은 그것 자체로 끝나지 않는다. 수온이 올라가면 그 부근의 기압이 낮아진다. 이 기압대의 변화는 비가 오는 지역을 변화시킨다. 따뜻한 바닷물이 모이는 지역에는 많은 양의 비가 내린다. 상대적으로 온도가 낮은 바닷물이 모이는 지역에는 구름 한 점 없는 맑고 건조한 날씨가 이어진다. 그 결과 가뭄이 발생한다.

또 기압 변화는 바람의 방향을 바꾼다. 바람은 공기의 이동이다. 공기는 고기압에서 저기압으로 이동하며 바람이 된다. 바람 방향의 변화는 해안가 부근의 해류의 방향에 영향을 미친다. 그리고 해류의 변화는 밑에서 올라오는 차가운 바닷물의 용승에도 영향을 준다. 이 찬물의 용승 현상은 안초비 등의 물고기 성장에 깊이 관여한다.

그뿐 아니다. 해수 온도의 상승은 태풍이 발생하는 시기를 변화시킨다. 아직 끝이 아니다. 적도의 대기는 옆에 있는 중위도의 대기에도 영향을 준다. 이는 아열대 지역의 기후 시스템에 영향을 주어 장마(몬순)의 형태를 변화시킨다. 이렇게 꼬리에 꼬리를 문 기차놀이 같은 현상이 지구에서 일어난다.

그렇다면 태평양과 이웃한 바다에는 영향을 끼치지 않을까? 인도양에는 인도양 양쪽 지역의 수온이 시소를 타듯이 변하는 인도양쌍극자 현상이 있다. 대서양에서는 10년을 주기로 수온 변화가 일어난다. 과학자들은 태평양의 엘니뇨가 인도양의 쌍극자 현상과 대서양의 주기적인 수온 변화에도 영향을 미치고 있다고 의심한다.

'원숭이 엉덩이는 빨개, 빨가면 사과, 사과는 맛있어, 맛있으면 바나나, 바나나는 길어……' 연쇄적으로 연상되는 낱말을 연결한 노래가 있다. 엘니뇨는 원숭이의 빨간 엉덩이다. 이제 그 빨간색은 인도양으로, 대서양으로, 중위도로 퍼져 나간다. 결국, 지구 전체가 홍수와 가뭄에 주기적으로 시달린다.

심지어 동태평양의 수온이 올라가면 한국의 미세먼지 농도가 높아진다는 연구 결과도 있다. 엘니뇨의 영향으로 적도에서 상승한 공기가 상층에서 고위도로 이동하다가 아열대 지역에서 온도가 낮아져 하강하면 고기압이 만들어진다. 이 고기압이 우리나라 남쪽에 자리 잡아 남풍을 일으킨다. 이 남풍이 겨울철 우리나라에 부는 계절풍인 북서풍을 약하게 만든다. 바람이 약해진 한국에서 미세먼지가 날아가지 못하고 정체된 대기와 함께 계속 머물 수 있는 조건이 만들어진다.

기후변화와 변종 엘니뇨

엘니뇨 현상이 일어나면 겨울철 기온이 높아지고 여름철 기온은 낮아지며, 여름철 강수량은 증가한다고 한다. 그런데 꼭 그런 것도 아니다. 최근 중앙태평양의 수온이 올라가서 발생하는 변종 엘니뇨 기간에는 오히려 여름과 가을에 기온이 올라갔다. 이렇게 중앙태평양의 수온이 올라가는 현상을 '중앙태평양 엘니뇨'라고 부른다. 동태평양 엘니뇨는 대략 3~8년 주기로, 중앙태평양 엘니뇨는 2~3년 주기로 발생하는 것으로 알려져 있다. 2~7년의 엘니뇨 주기는 두 가지의 엘니뇨가 다양한 형태로 상호작용해 복잡한 주기를 만들어낸 결과다.

엘니뇨가 기후변화 때문에 일어나는 현상은 아니다. 기후변화와 엘니뇨는 별개의 다른 지구 시스템의 현상이다. 하지만 엘니뇨가 일어나면 해수의 온도가 상승해 대기 중으로 열을 많이 방출한다. 지구의 기온을 높이며 기후변화를 심화시킨다. 슈퍼 엘니뇨가 일어난 2015년 기록적인 더위의 10% 정도는 엘니뇨가 원인을 제공한 것이라고 보고 있다. 그렇다면 기후변화가 엘니뇨 현상에도 영향을 주지 않을까? 의심은 많이 가지만, 아직 엘니뇨 자체에 대한 연구가 부족해 단정적으로 말할 수는 없다.

하지만 지구는 한 몸으로 이루어진 시스템이므로 당연히 여러 곳에 연쇄적으로 영향을 준다. 특히, 대기와 해양의 컬래버는 강력하다. 기후변화로 인해 해수면의 온도는 전반적으로 이미 올라갔다. 이 해수의 수온 상승이 적도의 기압 배치와 강수에 어떤 영향을 줄지 우리는 아직 잘 알지 못한다. 그동안 우리는 지구를 너무 인간 중심으로만, 혹은 경제와 개발 중심으로만 재단하기에 바빴다. 그래서 여전히 오리무중인 현상이 많다.

이제라도 인간이라는 계급장을 떼고 지구 행성과 그 행성의 생태계를 중심에 두고 들여다봐야 한다. 지구가 보내는 신호에 귀를 기울여 데이터를 모으고, 지구의 신호를 번역하려는 노력을 해야 한다.

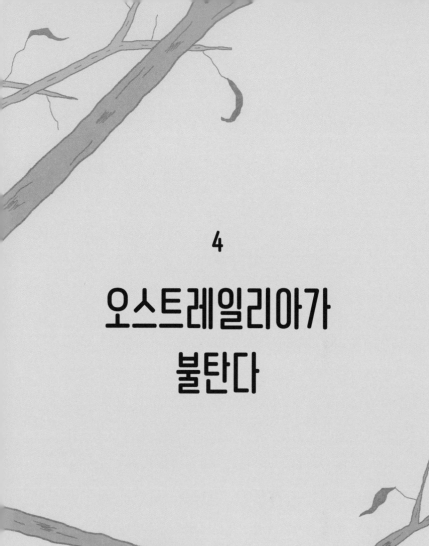

4

오스트레일리아가
불탄다

석탄과
꺼지지 않는 불

2019년 5월 18일, 오스트레일리아 총선이 치러지고 있었다. 야당인 노동당 대표 쇼튼(William (Bill) Richard Shorten)은 국민들에게 지금은 기후변화를 막기 위해 행동해야 할 때라며 신재생에너지확대를 주장했다. 동시에 기후변화를 여전히 부정하며 신규 석탄광 산업 유치를 주장하는 자유당의 스콧 모리슨(Scott Morrison)을 맹공격했다. 철저하게 기후변화를 부인하는 스콧 모리슨은 석탄화력발전에 대한 지지를 보여주기 위해 국회에 석탄덩이를 들고나타나기까지 했다. 민심은 기후변화를 걱정하며 노동당에 유리하게 기우는 듯했다. 그러나 결과는 스콧 모리슨이 이끄는 자유당과 국민당의 보수파 연합의 재집권이었다. 무려 3연속 집권 성공이었다. 선거가 끝나고 정확하게 4개월 뒤, 석탄 산업의 발전을 옹호하며 기후변화를 부정하던 오스트레일리아는 역사상 유래를 찾기 힘든 장장 6개월 동안의 산불을 겪는다.

숲이 타고 있다. 거대한 불길이 다가오는 소리는 마치 비행기의 제트엔진 소리 같다. 바로 옆의 고함도 들리지 않는다. 거인 같은 불길이 비행기처럼 빠르게 다가오고 있다. 불과 10분 전까지 소방대원들은 한 줄로 서서 열심히 땅을 파고 있었다. 땅을 파 고랑을 만들고 고랑의 안과 밖을 철저히 나누었다. 고랑 밖의 키 작은 관목들은 전기톱으로 잘라버렸다. 남아 있던 마른 풀들은 미리 불태워 없앴다. 이제 파놓은 고랑 안쪽에 불을 지를 차례다. 한 줄로 늘어선 소방대원들이 토치로 불을 붙인다. 작은 불꽃들이 마른 풀들 사이에서 조금씩 번진다. 곧 불은 키를 키우고 나무들을 땔감 삼아 활활 타오른다. 그 너머에서 더 큰 불이 빠르게 다가온다. 곧 두 개의 불이 만나 순식간에 엄청난 불기둥을 만들더니 거짓말같이 사그라진다.

불은 땔감이 없으면 더 이상 위력을 발휘하지 못한다. 불이 꺼졌다. 남은 것은 숨 막히는 자욱한 연기와 잔불, 그리고 가지도 잎도 사라진 채 막대기처럼 꽂혀 있는 타버린 나무들뿐이다. 소방대원들이 목숨을 건 불과의 전쟁을 벌였지만 역부족이었다. 40℃가 넘는 기온, 바짝 말라버린 대기, 게다가 강한 바람까지.

오스트레일리아는 매년 12월이 되면 산불이 난다. 남반구에 위치한 이 나라는 12월이 여름이다. 가장 건조한 계절인 여름은 산불의 계절이다. 그러나 2019년 9월 봄부터 시작된 오스트레일리아의 산불은 쉽게 꺼지지 않았고, 오스트레일리아 역사상 최초로 6개 주 전역에 걸쳐 산불이 일어났다. 그 불은 오래도록 계속되었다. 한 달, 두 달, 거의 반년 동안 오스트레일리아를 태우고, 뉴사우스웨일스에 30년 만에 가장 많은 비가 내리면서 이듬해 2월이 되어서야 잦아들었다.

불의 토네이도 파이어네이도

숲을 태우는 연기가 자욱하다. 불길이 다가오기 전에 고랑을 파고 맞불을 놓지만, 다가오는 불길은 맞불로 잡힐 규모가 아니다. 헬기에서 떨어뜨리는 물폭탄에도 끄떡하지 않는다. 비행기가 붉은색의 소화액을 뿌리지만, 비행기도 그저 작은 한 점일 뿐이다. 불은 굉음을 내며 태풍처럼 빠른 속도로 달려든다. 반대편 숲에서 튀어나온 캥거루 떼는 도망치다 길을 잃었다. 사방이 불이다. 시야가 확보되는 모든 곳이 타닥타닥 타들어가고 있다. 폭죽처럼 터지고 눈처럼 날리는 불꽃이 사방에서 떨어진다. 떨어진 불꽃이 나무에 닿자 거짓말처럼 다시 불길이 살아난다. 불길이 스멀스멀 나무를 태우며 타고 올라간다. 불은 스스로 바람을 만들고, 스스로 엔진을 달아 속도를 내고, 스스로 소리를 내며 다가온다.

순간 심한 바람이 분다. 스멀스멀 타들어가던 숲에 누가 석유를

들이부은 것처럼 갑자기 거대한 화염이 당겨진다. 하늘 높이 붉고 노란 빛깔의 불길이 치솟으며 주변의 모든 불꽃들을 빨아들인다. 불꽃들은 거대한 머리채를 휘날리며 휘도는 한 덩어리의 거대한 화염으로 바뀐다. 화염은 살아 있는 것처럼 토네이도를 만들며 움직인다. 그 화염 토네이도가 닿은 곳에서 새로운 불길이 치솟는다. 불길은 소용돌이를 만들어 주변의 모든 것을 빨아올리며 키를 더 키운다. 그러고는 사방에 불씨를 떨어뜨린다. 한낮, 태양은 찾아볼 수 없고 세상은 어둡다. 아니 피가 사방에 뿌려진 듯 검붉다.

물론 이 화염 토네이도는 기상학자들이 이야기하는 진짜 토네이도가 아니다. 토네이도가 만들어지는 과정은 이렇다. 상층에 강한 바람이 불고 그 아래에 비교적 약한 바람이 불면, 두 바람의 속도 차이 때문에 사이에 낀 공기 덩어리가 회전한다. 회전하는 공기 덩어리는 처음에는 땅 위에 누워 있는 형태를 띤다. 그러다 올라가는 강한 바람을 만나면 누워서 회전하던 공기가 벌떡 일어선다. 결국 고깔 모양의 회전하는 공기가 만들어진다. 이렇게 정신없이 회전하며 휘몰아치는 공기 기둥은 빠르게 상승한 공기 탓에 어느 순간 내부의 압력이 낮아지면서 상층의 공기가 아래로 내리꽂히는 강한 하강기류를 만든다. 비로소 회전하는 고깔 모양의 바람이 땅과 만난다. 이 회전하는 바람을 '토네이도'라고 부른다.

하지만 오스트레일리아나 미국의 캘리포니아 등 대형 산불이 일어나는 지역에서 관측되는 화염 토네이도 혹은 파이어네이도는 토네이도가 만들어지는 과정과 다르다. 산불이 번지면 지면의 공기가 뜨겁게 달궈진다. 달궈진 공기는 부피가 팽창하고 밀도가 작아져 위로 상승한다. 이때 상승하는 공기 주변 바람의 불규칙한 흔들림이 올라가는 바람을 회전하게 만든다.

모든 질량이 있는 물체는 관성을 가지고 있다. 회전하는 물체도 관성을 가지고 있다. 회전하는 물체의 관성은 반지름에 비례한다. 회전 반지름이 작아지면 물체의 관성도 작아지고, 반지름이 커지면 관성도 커진다. 만약 회전운동하는 어떤 물체에 외부에서 다른 힘이 작용하지 않으면, 그 회전하는 물체의 운동량은 변화하지 않는다. 그리고 운동량은 회전 관성과 속도에 비례한다. 피겨스케이팅 선수가 회전 기술을 선보일 때 양팔을 한껏 벌리고 회전하다 양팔을 접어 감싸며 회전 반지름을 줄이면 더 빨리 회전할 수 있다. 회전하는 운동량은 같은데 반지름이 줄어서 관성이 줄어드는 대신, 운동량을 결정하는 다른 요인인 속도가 증가하기 때문이다.

화염 토네이도는 회전하며 주변에 있는 재, 먼지, 나뭇잎, 심지어 불길까지 안으로 빨아들인다. 불길은 내부로 들어가면서 점점 더 속도가 빨라지고 하늘 높이 솟구친다. 피겨스케이팅 선수가 팔을 모으고 회전을 하는 것처럼. 이렇게 뜨거운 파이어네이도가 만들어진다. 화염 소용돌이 기둥, 파이어네이도는 몇 분 안에 사라지지만, 그동안 불길을 싣고 빠른 속도로 이동하며 주변을 온통 화염 구덩이로 만들어버린다.

불을 뿜는 용구름

2차 세계대전이 끝나갈 무렵 전쟁의 승리가 확실했지만, 연합군 미국은 일본의 히로시마와 나가사키에 야심차게 개발한 핵폭탄을 떨어뜨린다. 한 번도 본 적 없는 거대한 불길이 일었다. 이 불길은 불기둥이 되어 하늘을 뚫고 키가 60km나 되는 구름 기둥을 만들었다. 이 구름 기둥이 버섯을 닮았다고 해서 '버섯구름'이라고 불렀다. 하지만 이것은 정확하게 말하면 '적란운'이다. 화염이 만든 화염적란운.

몇 달 동안 불길이 잡히지 않고 번지기만 하는 오스트레일리아 남동부 뉴사우스웨일스의 산불은 공기를 뜨겁게 데우기에 부족함이 없었다. 데워진 거대한 크기의 공기 덩어리는 그 열기로 부피가 커지면서 밀도가 작아져 하늘로 솟구쳤다. 이렇게 수직 상승해 만들어진 구름을 '적운'이라고 한다. 화염적운. 화염적운이 더욱더 발달하면 화염적란운이 된다. 화염적란운은 보통 땅 위 수백 미터부터 위로 12km까지 치솟기도 하고, 드물지만 20km까지 키를 키우기도 한다. 이렇게 키를 키운 거대한 화염적란운은 번개를 만든다. 적란운 내부에서 번개가 생기는 과정은 정확하게 밝혀지지 않았다. 구름의 상층에서 얼음 알갱이가 형성되는 과정 중에 생긴다고 보고 있다.

구름을 이루는 얼음 알갱이가 만들어지기 시작하면서 (-)전기와 (+)전기의 분리가 일어난다. (+)전기는 좀 더 차가운 얼음 알갱이의 껍질 쪽에 모이고, (-)전기는 상대적으로 온도가 덜 낮은 얼음 알갱이의 안쪽에 모여 전기의 분리가 일어난다. 빠른 속도로 상승하는 적란운 안에서 얼음 알갱이가 충분히 얼어 부피가 팽창하면 얼음 껍질이 부서진다. 이때 (+)전기를 띤 껍질은 상승하는 공기를 따라 위로 올라가고, (-)전기를 띤 얼음 알갱이는 구름 밑면으로 내려온다. 거대한 적란운의 바닥에 (-)전기가 모인다. (-)전기와 (+)전기가 분리된 불안정한 상태에서 서로를 끌어당기면서 방전이 일어난다. 이 과정에서 번개가 발생한다. 이렇게 만들어진 여러 방향의 번개 가운데 구름과 지면 사이에서 만들어지는 것이 우리가 흔히 알고 있는 '번개'이다.

(-)전기를 띤 알갱이인 전자를 가득 모은 적란운은 드디어 대지를 향해 전자들을 쏟아낸다. 번쩍, 불꽃이 번뜩이고 얼마 안 가 공기의 부피가 급격히 늘어나며 공기가 찢어지는 천둥소리가 들린다. 번쩍이는 번개는 이곳저곳으로 다시 불길을 쏟아내며 바짝 마른 숲에 불을 댕긴다. 뉴사우스웨일스의 화염적란운은 바다 건너 캥거루섬에도 불길을 만들었다. 캥거루섬은 1/3 이상이 자연보호구역 및 국립공원으로 보호되고 있다. 이 섬에는 많은 야생동물들이 평화롭게 살고 있었다. 이번 화재로 캥거루섬에서 거의 절반 가까이의 코알라가 산불에 희생되었다고 한다. 나사에서는 이 구

름을 "불을 뿜는 용구름"으로 묘사했다. 상상 속의 동물인 거대한 용이 하늘 높이 치고 올라가 입에서 불을 뿜는 모양, 화염적란운은 그렇게 화가 난 용처럼 불을 뿜으며 쉬지 않고 마른 숲에 불을 붙였다.

번쩍, 다시 숲에 불이 붙는다. 코알라가 좋아하는 유칼립투스는 기름이 많아 허브오일로도 쓰인다. 불길은 유칼립투스와 만나 더 기세를 높인다. 기름 묻은 천에 불을 붙인 듯하다. 나무 오르기에 적합하도록 엄지발가락과 나머지 발가락 사이가 많이 벌어져서 평지에서는 빠르게 걸을 수 없는 코알라는 갑자기 닥친 불길에 봉

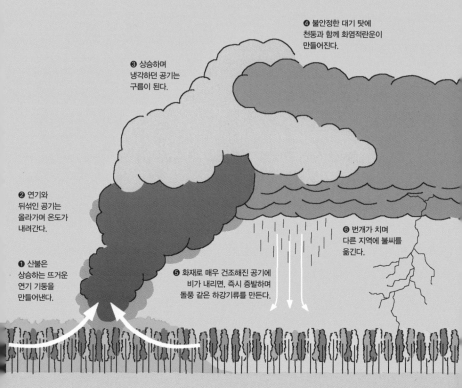

❹ 불안정한 대기 탓에 천둥과 함께 화염적란운이 만들어진다.

❸ 상승하며 냉각하던 공기는 구름이 된다.

❷ 연기와 뒤섞인 공기는 올라가며 온도가 내려간다.

❻ 번개가 치며 다른 지역에 불씨를 옮긴다.

❶ 산불은 상승하는 뜨거운 연기 기둥을 만들어낸다.

❺ 화재로 매우 건조해진 공기에 비가 내리면, 즉시 증발하며 돌풍 같은 하강기류를 만든다.

변을 당했다. 온몸에 화상을 입었으나 피할 곳이 없다.

세상은 온통 붉다. 화재로 생긴 연기 알갱이들 때문이다. 파장이 짧은 파란색 계열의 햇빛은 연기 알갱이에 부딪치며 흩어지고, 파장이 긴 붉은색 계열의 햇빛은 덜 흩어져 한낮에도 노을이 지는 것처럼 온통 붉다. 하지만 45℃가 훌쩍 넘어버린 기온만으로도 오스트레일리아는 저절로 붉게 물들 것 같다.

오스트레일리아에서 최악의 산불이 일어난 9월은 계절의 시작을 알리는 봄이었다. 꽃이 피고 나무가 새 잎을 돋우었다. 그러나 오스트레일리아는 이미 기온이 30℃를 넘기고 있었다. 산불이 한창이던 12월 여름에는 거의 50℃나 되었고, 대기는 바싹 말랐다. 이렇게 오스트레일리아가 극심한 가뭄과 함께 산불로 난리를 겪고 있을 때, 오스트레일리아와 인도양을 사이에 두고 있는 아프리카 동쪽 지역에서는 폭우와 홍수로 난리를 겪었다. 도로, 하수도 시설 등이 잘 갖춰져 있지 않은 아프리카는 이런 홍수에 대책 없이 당한다.

오스트레일리아는 극심한 가뭄으로 다 말라버려 산불이 일어났고, 바다 건너편의 동부 아프리카는 비 난리를 겪으며 사람이 죽었다. 왜 이런 일이 일어났을까? 이렇게 극단적으로 반대되는 기상 현상이 오스트레일리아 대형 산불의 원인을 설명해줄 수 있지 않을까?

산불의 원인
인도양쌍극자

오스트레일리아에서 산불은 이상하지 않다. 과거에도 대형 산불들이 발생했다. 2019년보다 사망자 수나 피해가 컸던 적도 있다. 그런데 2019년 산불은 역사상 처음으로 오스트레일리아 전체 6개 주에서 발생했고, 발생 시기도 매우 빨랐다. 왜 2019년에는 재앙 같은 산불이 반년에 걸쳐 오스트레일리아 전 지역에서 일어났을까?

앞에서 말했듯이, 서태평양과 동태평양 지역의 기압이 번갈아가며 고저를 반복하는 현상을 '남방진동'이라 하고, 태평양의 동쪽 페루나 에콰도르의 해수면 온도가 평상시보다 0.5℃ 높은 상태가 5개월 이상 지속되는 현상을 '엘니뇨'라고 부른다. 이 현상들을 드라마 시리즈로 비유하면, 남방진동은 기압 편이고 엘니뇨는 수온 편이다.

엘니뇨가 태평양에서만이 아니라 전 세계의 기후를 흔든다는 사실은 이미 오래전에 알려졌다. 바다는 모두 연결되어 있는 한 덩어리이다. 당연히 이 기압과 수온의 시소 타기는 적도를 따라 다른 바다에서도 쌍둥이처럼 일어난다. 2019년 오스트레일리아 산불의 원인이 바로 엘니뇨의 쌍둥이인 '인도양쌍극자' 때문이라고 기상학자들은 이야기한다. 인도양쌍극자는 엘니뇨와 아주 비숫하다. 인도양을 사이에 두고 서쪽의 아라비아해(중동 쪽)와 동쪽의 오스트레일리아, 인도네시아 쪽 바다의 온도가 교대로 따뜻해졌다 차가워졌다를 반복한다. 수온의 변화는 그 해역에 기압 변화가 있다는 뜻이기도 하다. 인도양에서 두 개의 서로 다른 해수 표면 온도를 나타내기 때문에, 인도양의 두 개의 극이라는 뜻으로 '인도양다이폴(Indian Ocean Dipole, IOD)', 또는 '인도양쌍극자'라고 부른다. 엘니뇨의 변종이다. 그래서 '인도양의 엘니뇨'라고도 부른다.

인도양쌍극자는 크게 세 가지 상태로 구분된다. 음의 값을 갖는 상태, 중립 상태, 그리고 양의 값을 갖는 상태. 각 상태는 3~5년을 주기로 반복해서 발생하는 편이다. 인도양쌍극자는 주로 가을

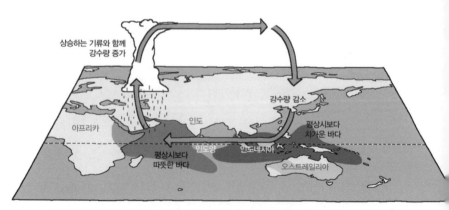

• 인도양쌍극자의 양의 상태. 인도양 서쪽에 따뜻한 표층수가 모여 주변 공기가 상승하며 구름을 만들고 비가 내린다. 상대적으로 온도가 낮은 인도양의 동쪽에는 공기가 하강하며 건조한 날씨가 이어진다.

(3~4월)이나 겨울(6~7월)에 시작했다가 봄이 끝날 무렵 중립의 상태로 되돌아간다. 그러면서 오스트레일리아 북부 지역의 장마가 시작된다.

인도양쌍극자가 중립 상태일 때는 인도네시아 부근에서 따뜻한 바닷물이 모이며 상승기류가 발달한다. 이 상승기류가 순환하며 인도양의 서쪽 바다 부근에서 하강한다. 이때에는 인도양 양쪽의 수온 차가 그리 크지 않아서 오스트레일리아의 날씨에 별반 영향을 끼치지 않는다.

인도양쌍극자가 음의 값을 갖는 해에는 서풍이 강하게 분다. 서쪽에서 동쪽을 향해 부는 서풍을 따라 따뜻한 적도의 바닷물이 인도양의 동쪽인 인도네시아 부근의 바다로 많이 모인다. 이렇게 모인 따뜻한 바닷물이 강한 상승기류를 만들면서 생긴 구름의 영향으로 오스트레일리아 남부 지역에 비가 내린다.

인도양쌍극자가 양의 값을 갖는 해에는 정반대 현상이 일어난다. 동풍이 매우 강해진다. 이 바람의 영향으로 따뜻한 물이 인도양의 서쪽으로 모인다. 이렇게 따뜻한 바닷물이 서쪽으로 몰리면서 동쪽의 인도네시아 바다에 차가운 물이 용승한다. 차가운 바닷물은 주변 공기를 냉각시키면서 고기압을 만든다. 고기압에서는 구름이 만들어지기 어렵다. 당연히 비가 내리지 않는다. 이 건조한 날씨는 오스트레일리아의 서쪽에서 시작해 대륙을 가로질러 남동쪽 해안까지 영향을 미친다. 인도양쌍극자가 양의 값을 갖게 되었을 때 오스트레일리아는 산불이 많이 발생할 수 있는 조건, 즉 건조한 날씨가 만들어진다.

인도양쌍극자가 양의 값을 갖는 현상과 태평양의 엘니뇨 현상이 동시에 발생한다면 어떻게 될까? 아마 최악의 가뭄이 오스트레일리아를 강타할 것이다. 1982년은 오스트레일리아에서 20세기에 연간 강수량이 가장 적었던 해다. 빅토리아주 북서부의 먼지 폭풍과 오스트레일리아 남동부의 산불로 피해가 컸다. 20세기 최악의 가뭄으로 기록되었다. 이때 인도양쌍극자가 양의 값을 갖는 현상과 태평양의 엘니뇨 현상이 동시에 발생했다.

반대로 심한 홍수가 발생하기도 한다. 1974년과 2010년에 음의 값을 가진 인도양쌍극자 현상과 태평양의 라니냐 현상이 동시에 일어나면서 기록적인 홍수가 발생해, 오스트레일리아의 많은 지역이 침수되었다.

그렇다면 2019년의 산불도 인도양쌍극자의 양의 값과 엘니뇨 현상이 불러왔을까? 관측 자료에 따르면, 2019년 태평양에서 엘니뇨는 강하지 않았다. 즉 인도양쌍극자와 엘니뇨가 힘을 모아 산불을 일으킨 것이 아니다. 인도양쌍극자가 양의 값을 갖는 것만으로도 이런 산불이 일어났다. 대형 산불이 일어나는 조건은 강한 바람, 높은 기온, 그리고 낮은 습도다. 2019년에 인도양 동부와 서부의 수온 차가 최근 60년 만에 가장 크게 벌어진 것으로 분석되었다. 그에 따라 강한 바람과 건조한 대기가 만들어졌다. 인도양쌍극자가 양의 값을 갖는 상태가 강하게 일어났다. 또한 기후변화가 지속돼 오스트레일리아 기상 관측 사상 가장 더운 해로 기록되었다. 2019년 12월 18일에는 일평균 기온이 41.9℃를 기록했고, 2020년 1월 4일에는 시드니 서부의 낮 최고기온이 48.9℃로 치솟았다.

오스트레일리아의 산업 구조에 눈에 띄는 것이 있다. 세계 1위의 석탄, 천연가스 수출국이다. 2019년 말 발표된 〈기후변화대응지수2020〉에서 61개 대상국 중 오스트레일리아는 56위를 기록했다(한국은 58위). 오스트레일리아 최악의 산불은 심화된 기후변화와 인도양쌍극자 현상, 그리고 오스트레일리아의 산업 구조가 앞서거니 뒤서거니 하며 서로를 강화시켜 발생했다.

하지만 인도양쌍극자가 오스트레일리아에만 영향을 끼치는 것은 아니다. 적도는 태평양을 지나고 이웃한 인도양을 지나 대서양으로 연결된다. 마찬가지로 적도 부근의 공기 순환도 태평양, 인도양, 대서양까지 연결된다. 워커 순환은 적도 바다의 수온 변화에 따라 영향을 받으며 함께 변화한다. 이러한 변화는 그 바다 주변 국가들의 기압, 구름의 형성, 비의 양 그리고 장마(몬순)에 영향을 주어 가뭄이나 홍수와 같은 재해를 일으킨다.

그런데 바다와 공기가 적도에만 있을까? 지구 전체에 걸쳐 이러한 기압과 수온의 변화는 연쇄적으로 영향을 준다. 마치 멀리 떨어져 드론을 조작하듯 인도양 주변을 떠나 벵골만, 베트남, 중국 남부, 한반도까지 영향을 미친다. 2019년 인도양쌍극자가 양의 값을 띠었을 때 오스트레일리아에는 가뭄이, 한국에는 봄날 같은 겨울이 이어졌다. 중동 지역과 중국, 동남아에 차례로 영향을 끼치는 이 인도양쌍극자에 의한 원격 기후변화의 경로는 마치 과거 대상인들의 교역을 위한 대장정의 길이었던 실크로드를 닮았다. 기후변화로 춤추는 날씨는 기후의 실크로드를 따라 태평양에서 한국으로 다가오고 있다.

파이어볼
2019 지구

2019년 산불은 오스트레일리아에서 여섯 달 동안 곤충을 포함한 야생동물 13억 마리를 불태우고, 28명의 사람을 죽이고, 건물 5,700여 채를 불태웠다. 한국의 약 2배가 넘는 면적의 숲이 가뭄으로 불탔다.

그런데 2019년의 산불은 비단 오스트레일리아만의 문제가 아니었다. 러시아의 시베리아 부근에서도 거대한 산불이 일어났다. 매년 건조한 계절이 되면 산불이 일어나지만, 그해는 유별났다. 2019년 6~7월 러시아의 기온은 다른 해에 비해 6℃ 이상 높은 30℃를 기록했다. 비는 내리지 않았다. 마른번개가 얼음나라 숲에 불을 붙였다. 이 산불로 발생한 재가 북극 지역의 빙하로 날아가

쌓였다. 그 결과, 북극 지역의 얼음이 햇빛을 많이 흡수하면서 지구온난화를 더욱 부채질했다. 또 아마존에서는 바로 이전 해에 비해 75%나 증가한 8만여 건의 산불이 일어났다. 이 산불로 이산화탄소가 대기 속으로 속절없이 배출되었다.

2019년의 지구는 파이어볼(fireball)이었다. 아마존에서, 시베리아에서, 인도네시아에서, 캘리포니아에서, 레바논에서 과거와는 다른 심한 산불을 경험했다. 산불로 벌겋게 타들어가 온통 지구에 큰 상처 자국을 남기고 숲과 나무에 머물던 이산화탄소를 대기 중으로 밀어냈다. 마치 숲의 정령이 인간의 지칠 줄 모르는 개발 욕망에 쫓겨나는 것처럼.

5

장례식에 초대된
빙하

빙하를 키우는
농부들

아주 높은 곳에 마을이 있었다. 얼마나 높은지 구름도 그 마을에 닿지 못했다. 구름은 항상 저 아래, 그리고 더 아래의 아랫마을 정도에만 머물며 비를 뿌렸다. 그래도 이 고원에 사는 사람들은 물 걱정을 하지 않았다. 비도 눈도 거의 오지 않는 사막과 같은 곳에서 부족함 없이 물을 사용하고 농사를 지으며 살았다. 그들 곁을 지키는 빙하의 도움 때문이었다. 지혜로운 마을 사람들은 절대로 빙하가 사라져서는 안 된다는 사실을 알고 있었다. 설사 기후변화가 일어나고 기온이 점점 높아져 빙하가 자꾸 높은 산으로 후퇴해도 말이다.

마을 사람들은 빙하를 키우기 시작했다. 빙하가 일찍 흘러내리는 따뜻한 계곡을 찾아 빙하가 녹아 흐르는 물에 긴 관을 연결했다. 마을은 그 계곡보다 훨씬 아래쪽에 있었다. 이 관의 끝은 마을

근처까지 이어졌고, 관을 통해 빙하 녹은 물이 흘러왔다. 마을의 밭이 모여 있는 곳에 하늘을 향해 수직으로 관을 똑바로 세웠다. 그리고 그 끝에 물이 분사되도록 작은 구멍이 여러 개 있는 마개를 끼웠다. 그러자 물은 우뚝 서 있는 관의 꼭대기에서 분수처럼 사방으로 뿜어져 나왔다. 아직은 봄이 오지 않은 추운 날씨 탓에 물방울 분수는 그대로 얼어서 쌓이기 시작했다. 시간이 흐르자 관은 꼭대기만 빼고 얼음에 가려 보이지 않았다. 고깔 모양으로 새로 태어난 빙하 탑이 만들어졌다. 날이 따뜻해질 때까지 빙하 탑은 점점 더 커졌다.

• 라다크 지역 마을의 빙하 탑

이제 봄이 다가왔다. 날이 점점 따뜻해졌다. 마을 사람들이 농사를 준비하기 시작했다. 물이 필요한 계절이 왔다. 빙하 탑의 얼음이 조금씩 녹으면서 밭에 물을 제공했다. 뜨거운 여름이 오기 전까지 계속되었다. 그러다 뜨거운 햇살이 따가워질 무렵, 작별을 고하고 사라졌다. 다시 그 자리에는 관만 남았다. 계곡이 녹아서 흘러내리는 이듬해 이른 봄이 되면 이 빙하 탑은 새로 만들어질 것이다.

히말라야 근처 북인도의 라다크 지역 마을들 이야기다. 아마 오늘도 그 마을들에는 그들이 키운 빙하 옆을 지나다 잠시 멈추어서 조용히 기도를 드리는 사람들이 있을 것이다. 온 지구의 건강과, 그 지구와 더불어 살아가는 뭇 생명들의 평화를 위한 기도를 말이다. 그들이 조상의 지혜로부터 물려받아 오늘도 만들고 있는 빙하 탑 앞에서.

그저 얼음이라고 불려서는 안 되는 빙하

세상에는 얼음이 많다. 한국은 위도도 높지 않고 만년설을 이고 있는 높은 산도 없어서, 한여름에도 땅 위에 남아 있는 얼음이 낯설다. 하지만 고위도 지역을 중심으로 바다 위에 떠 있는 얼음(빙산, iceberg), 대륙 위에 두껍게 쌓여 있는 얼음(대륙 빙하 또는 빙상, ice sheet), 대륙 빙하의 끝자락에서 바다와 만나는 최전선의 바다 위 얼음(빙붕, ice shelf), 그리고 높은 산에 있는 얼음(산악 빙하, alpine glacier) 등 세상에는 여러 종류의 얼음이 있다. 때때로 이 모든 얼음을 그저 '빙하'라고 부른다.

지금 지구에 있는 거대한 얼음 덩어리인 빙하의 대부분은 가장 최근의 빙하기인 뷔름빙기에 만들어졌다. 뷔름빙기는 10만 년 정도 지속되다 1만 2,000년 전에 끝났다. 그때 지구의 여러 곳은 얼음으로 덮여 있었다. 지구가 뷔름빙기의 마지막 골목을 빠져나올 때 빙하기의 환경을 닮은 곳에 그 흔적을 남겼다. 두 개의 극 지역과 지구의 복사에너지를 피할 수 있는 높은 산꼭대기. 그곳이 그린란드와 남극 대륙, 북극 바다 주변의 높은 위도 지역들, 그리고 히말라야나 킬리만자로 같은 높은 산의 꼭대기들이다.

빙하는 계절의 변화를 겪는다. 날이 따뜻해지면 녹으며 물이 되기도 하고, 바로 얼음에서 기체로 승화하기도 한다. 또 겨울에 내리는 눈과 차가운 기온에 힘입어 몸집을 키운다. 매년 빙하는 여름에 줄어들었다가, 겨울에 다시 커진다.

그런데 최근 빙하가 여름에는 너무 많이 녹고 겨울에는 충분히 얼지 않는 날들이 계속되고 있다. 몇몇 빙하는 아예 지구에서 사라지기도 했다. 과학자들은 이전부터 빙하가 사라지는 것을 걱정스럽게 관측하고 있었다. 하지만 과학자들의 조심스러운 예측이 어긋났다. 빙하는 훨씬 빠른 속도로 사라지고 있다.

이러한 빙하의 급격한 상실은 빙하만으로 끝나지 않는다. 대서양의 해류 순환을 무너뜨리고, 아한대 숲을 파괴하며, 아마존 열대우림의 물 순환을 흔드는 방아쇠로 작동할 가능성이 있다. 기후위기의 시대, 가장 걱정스럽게 바라봐야 하는 얼음은 대륙 위의 얼음이다. 바로 북극의 그린란드와 남극 대륙의 얼음이다. 단순히 북극곰이 삶의 터를 잃거나 남극 펭귄의 개체수가 줄어드는 문제만이 아니다. 북극곰, 남극 펭귄과 함께 우리가 위기에 빠지고 있다.

산악
빙하

빙하는 지구에서 인간이 쓸 수 있는 물의 75%를 저장하고 있는 거대하고 깨끗한 물탱크다. 빙하가 녹아서 사라지면 많은 지역이 가뭄에 시달릴 것이다. 빙하가 녹는데 왜 물이 부족해지는 가뭄이 발생할까? 인간이 쓸 수 있는 물의 절반 정도가 높은 산에 쌓여 있다. '만년설'이라는 이름의 이 산악 빙하는 일종의 자동 급수탑이다. 물론 어떤 기계 장치가 달린 것은 아니다. 하지만 물이 필요할 때 사람들에게 물을 내어준다. 히말라야, 카라코람, 힌두쿠시, 알프스, 로키, 시에라네바다, 안데스 산맥 등 전 세계에는 78개 정도의 이런 급수 시설이 있다.

산악 빙하에서 흘러내리는 물은 사람들이 많이 사는 지역과 상관없다는 생각은 큰 잘못이다. 씹다 보면 덤덤한 맛 끝으로 고소함이 밀려오는 잘 익은 까만 올리브, 투명한 잔을 타고 천천히 흘러내리는 점도 높은 와인의 매력적인 붉은색과 그 색을 능가하는 여러 향기. 지중해를 연상케 하는 먹거리들이다. 올리브와 포도는 중위도 고압대에 위치해 비가 거의 오지 않는 지역의 태양 아래에서 잘 자란다. 하지만 올리브와 포도도 적당한 때 적당한 양의 물이 필요하다. 높은 산에 쌓였던 눈이 녹으면서 이들을 키운다. 또 캘리포니아의 건조한 날씨에서 과일나무와 견과류가 잘 자랄 수 있는 것도 만년설에서 흘러내린 물 덕택이다. 이 자동 급수탑에는 균형 잡힌 계절이라는 밸브가 달려 있다. 눈이 내리면 급수 탱크를 채웠다가, 밭을 갈고 씨를 뿌리고 과일나무가 잎을 틔우는 계절이 오면 서서히 녹아 농장과 마을로 물을 보낸다.

그런데 기후변화가 지금처럼 계속된다면 이 자동 급수탑은 사라질 것이다. 우리가 아무런 조치를 취하지 않는다면, 2100년쯤에 이 자동 급수탑은 고장 난 수도꼭지처럼 물이 새어 나가 텅 비어버릴 것이다. 산악 빙하 지역은 남극과 북극 바다의 얼음 지역과 함께 다른 지역보다 더 빨리 기온이 올라간다. 현재 산업화 이전보다 전 세계의 평균 기온이 1.1℃ 오른 것에 비해 산악 지역은 1.5℃까지 상승했다. 스위스 알프스에서는 2006년 이후 80~90%의 빙하가 사라진 지역이 생겨났다.

왜 추운 북극이나 고산 지역의 기온이 오히려 빠르게 상승할까? 기후변화를 뻥튀기하는 증폭 현상이 일어나기 때문이다. 북극은 기온이 낮아서 대기가 매우 안정적이다. 흔히 아침 달리기가 오히려 건강에 해롭다고 한다. 아침에는 밤새 냉각된 지표 부근의 공기 온도가 낮다. 위로 올라가면서 조금씩 기온이 올라간다. 그러므로 아래쪽은 기온이 낮아 밀도가 크고, 위쪽은 상대적으로 기온이 높아 밀도가 작다. 이 상태의 대기는 마치 아래쪽이 묵직한 물체와 같다. 이렇게 무게중심이 아래쪽에 있는 물체는 쉽게 쓰러지지 않는다. 마찬가지로 차가운 아침의 공기는 매우 안정적인 상태라 순환이 일어나지 않는다. 전날부터 뿜어져 나온 대기의 오염 물질이 그대로 쌓여 있으므로, 아침 달리기는 되도록 피해야 한다. 북극의 공기도 같은 원리다. 북극 바다 주변의 공기는 아침 공기처럼 매우 안정적이다. 그래서 북극 바다가 흡수한 열을 쉽게 방출할 수 없다.

얼음은 햇빛을 반사하는 탁월한 능력을 지니고 있다. 그런데 기온이 오르면서 얼음이 녹기 시작하면 햇빛을 반사하는 능력이 떨어진다. 햇빛을 반사하는 능력이 떨어져 햇빛을 많이 흡수하면, 북극 지역의 얼음이 더 많이 녹는다. 더 많이 녹은 얼음은 다시 더 많은 햇빛을 흡수하고 다시 얼음을 더 많이 녹인다. 스스로 현상을 증폭하는 '양의 되먹임' 현상이 일어난다. 또한 순환이 잘 일어나지 않는 안정적인 대기는 이 열을 쉽게 분산하지 못한다. 이렇게 북극 지역의 기후변화는 다른 지역에 비해 더 빨리 진행된다. 높은 산악 지역의 빙하도 같은 이유로 비슷한 운명에 빠진다.

북극
그린란드의 빙하 이야기

거대한 절벽이 눈앞에 펼쳐진다. 가늠할 수 없을 정도로 높다. 햇빛에 반사된 하얗고 거대한 절벽은 그린란드 대륙 빙하가 흘려내려 북극의 바다와 만나면서 만들어졌다. 어디선가 계속 "으르르 으르르릉" 신음하는 듯한 소리가 들린다. 빙하가 부서지며 내는 소리다. 빙하 절벽의 한쪽이 "우르르 쿠쿵" 하며 무너진다. 거대한 빙하는 바다로 떨어지며 산산이 부서져 바다를 표류하는 얼음이 된다. 표류하는 얼음으로 뒤덮인 바다가 크게 출렁인다. 마치 슬로모션으로 영상을 촬영하는 것처럼 서서히 물결이 높아졌다 다시 가라앉는다.

빙하는 눈이 내리면 쌓인 눈의 무게만큼 사라진다. 균형을 유지한다. 눈이 쌓인 만큼 무게가 늘면 빙하는 중력의 영향을 더 많이 받는다. 중력의 영향으로 빙하는 미끄러져 내려가고, 고도가 낮아질수록 점점 온도가 올라가 녹아버린다. 혹은 해안으로 미끄러져 내려가 바다와 만나 무너지기도 한다.

뷔름빙기에 만들어져 지금까지 남아 있는 얼음은 그 모습을 꾸준히 유지하며 지구를 지키고 있다. 바다 다음으로 빙하는 지구의 열을 가두는 중요한 임무를 맡는다. 대륙의 빙하는 거대하다. 이 대륙의 빙하를 모두 녹이려면 최소한 1만 년은 걸릴 것이라는 계산이 있을 정도이다. 또, 빙하는 태양복사에너지를 거의 모두 반사한다. 갓 내린 하얀 눈은 지구의 반사도를 나타내는 지표인 알베도가 0.8~0.9(80~90% 반사)나 된다. 빙하는 이렇게 뜨거워지는 지구를 방어한다. 육지의 10%는 항상 이런 빙하로 덮여 있다. 바다는 계절에 따라 다르지만, 평균 7%가 얼음에 덮여 있다. 빙하는 온도 차이를 만들어 바람을 일으키고, 남극 바다나 북극 바다의 온도를 낮추어 바다가 심층 순환할 수 있는 조건을 만든다.

그러나 기후변화로 빙하의 질량 균형이 깨지면서 많은 부분이 녹아 해수면이 높아지고 있다. 과학자들은 특히 그린란드의 빙하가 걱정스럽다. 그린란드에서 지난 27년 동안 기후변화로 사라진 빙하의 규모가 4조t에 이르고, 그렇게 사라진 그린란드의 빙하가 전 세계의 해수면을 평균 1cm 이상 높였다. 그런데 이 그린란드 빙하가 점점 더 빨리 사라지고 있다. 1990년대보다 2010년대에는 빙하가 7배나 빨리 녹고 있다. 어느 누구도 대륙의 빙하가 이렇게 빠른 속도로 사라질 줄 예상하지 못했다.

과학자들은 그린란드의 빙하가 빠른 속도로 녹는 까닭은 따뜻해진 바다 때문이라고 추측한다. 물론 따뜻해진 바다는 풍부한 양의 수증기를 증발시켜 구름과 비를 만든다. 이 비 덕분에 그린란드 내륙의 빙하 두께가 더 두꺼워지기도 한다. 하지만 이것은 내류에서 일어나는 현상일 뿐이다. 빙하가 바다와 만나는 그린란드의 해안가에는 무너지는 얼음 절벽이 늘어나고 있다. 적지 않은 눈으로 새로운 빙하가 생겨도 사라지는 빙하의 양을 쫓아가지 못한다. 높아진 수온이 물 위에 떠 있는 빙하의 밑바닥을 야금야금 삼키기 때문이다. 무너지는 해안가의 얼음 절벽으로 인해 내륙에서부터 강처럼 구불거리며 흘러내리는 빙하의 양과 속도도 증가하고 있다.

2019년 9월 특이한 장례식이 아이슬란드에서 치러졌다. 장례

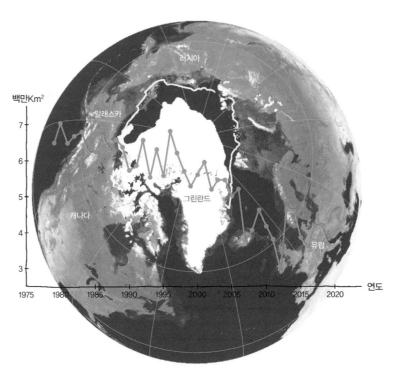

• 매년 여름 북극 바다의 해빙이 가장 줄어들 때의 면적을 1979년부터 측정한 그래프. 북극의 얼음이 꾸준히 줄어들고 있다.

식에는 떠남을 슬퍼하며 비석을 세우는 행사가 열렸다. 그 비석에는 이렇게 씌어 있었다.

미래로 보내는 편지

오크는 아이슬란드에서 죽음을 맞이한 첫 번째 빙하입니다. 향후 200년 안에 아이슬란드의 모든 빙하는 같은 운명을 맞을 것입니다. 이 기념비는 어떤 일이 일어나고 있고 또 무엇을 해야 하는지 우리가 알고 있음을 알리기 위한 것입니다.

우리가 해냈는지는 당신만이 알 것입니다.

그리고 비석의 맨 아래에는 비석을 세울 당시인 2019년의 대기 중 이산화탄소 농도 415ppm이 새겨져 있다. 이 특이한 장례식의 희생자는 50m 높이의 700년 된 아이슬란드의 빙하이다. 사망 원인은 기후변화. 실제로 이 오크예퀴들(오크) 화산에 쌓여 있던 빙하는 2014년 기후변화로 점점 질량이 줄어들다가 사라졌다. 아이슬란드에는 2000년까지만 해도 300개가 넘는 빙하가 있었으나, 2017년 작은 빙하를 중심으로 56개가 사라졌다. 최근 아이슬란드 정부는 아이슬란드에 남은 수백 개의 빙하가 기온 상승의 결과로 곧 사라질 수 있다는 경고에 따라, 첫 번째 희생자인 빙하 오크의 장례식을 치렀다. 과연 미래의 누군가가 이 비석 옆을 지날 때, 그 혹은 그녀가 '알고 있는 것'은 무엇일까? 우리는 해냈을까?

장례식에 초대된 빙하

남극 빙상의 균열
스웨이츠 빙하

그렇게 녹고 있는 지구의 반대편 끝, 남극 대륙에 있는 빙하도 심상치 않다. 남극 주변의 '남극 순환류'라고 불리는 해류는 남극을 온전히 한 바퀴 돌며 저위도의 바다로부터 남극을 가둔다. 남극 주변의 대기도 '제트류'라고 불리는 상층의 빠른 바람이 남극을 온전히 한 바퀴 돌며 지구의 다른 지역으로부터 남극의 공기를 가둔다. 그리고 남극은 녹기에는 너무 거대하고 두꺼운 얼음으로 덮여 있다. 남극 대륙은 평균 2km 두께의 얼음이 한국의 140배(중국과 인도를 합친 정도)나 되는 면적에 걸쳐 있는 얼음왕국이다.

남극이라고 처음부터 얼음으로 덮여 있는 고립된 백색의 왕국은 아니었다. 고생대 말 거대한 하나의 대륙으로 지구상의 모든 땅이 모여 있을 때 남극 대륙도 함께했다. 그러다 서서히 대륙이 분리되고 급기야 한반도에 동해가 열릴 즈음 마지막까지 붙어 있던 남미 대륙과 떨어지며 홀로 되었다. 그리고 남극 순환류, 제트류로 이루어진 바다와 대기의 장벽이 남극을 고립시켰다.

남극 대륙은 서남극과 동남극의 지형이 같지 않다. 남극의 얼음을 없앤 뒤 남극 대륙의 민낯을 보면, 동남극은 대부분의 땅이 바다 위로 솟아 있는 반면 서남극의 땅은 많은 부분이 해수면 아래에 있다. 육지의 고도도 동남극이 서남극보다 높다. 높은 고도 탓에 동남극에서부터 서서히 얼음이 쌓이기 시작했다. 여름이 되어도 녹지 않고 남아 있는 빙하 탓에 태양복사에너지조차 거의 닿지 않는 땅이 되었고, 대륙 위의 얼음은 점점 두께를 더했다.

오스트랄로피테쿠스가 아프리카 대륙에서 첫 발자국을 떼던 즈음 남극의 빙하는 지금의 모습을 갖추었다. 지구가 얼음의 시대를 살아가던 빙하기에 남극 대륙에는 현재보다 1km나 더 높은 빙하가 만들어지고 있었다. 또 빙하기와 빙하기 사이, 지구의 기온이 전반적으로 따뜻했던 간빙기에 남극 대륙의 빙하가 녹아 전세계 해수면이 6~10m까지 높아지기도 했다.

남극의 서쪽 부근에는 '아문센'이라는 바다가 있다. 이 아문센

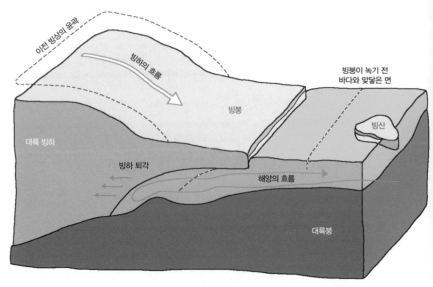

• 바닷물이 빙붕의 바닥을 녹이며 점점 얇아진 빙붕은 결국 대규모 붕괴로 이어진다.

장례식에 초대된 빙하

해와 남극 대륙이 만나는 곳에 '스웨이츠'라는 빙하가 있다. 한국보다 넓은 스웨이츠 빙하는 1990년대 말보다 2배나 큰 면적을 잃었다. 과학자들은 놀랐다. 이렇게 빠른 속도로 남극이 녹는다는 상상을 해본 적이 없었다. IPCC에서 예측하는 2100년 해수면 상승의 높이가 해마다 급격히 올라가고 있다. 2007년 59cm, 2013년 98cm, 2019년 1.1m. 예측 값이 점점 급증하는 까닭은 남극이 이렇게 빨리 녹아내릴 줄 몰랐기 때문이다. 그 중심에 서남극의 스웨이츠 빙하가 있다. 하지만 더 큰 걱정거리는, 스웨이츠가 사라지면 스웨이츠가 막아서고 있던 서남극 대륙의 빙하가 바닷물에 그대로 노출된다는 것이다. 거대한 남극의 얼음왕국이 상대적으로 온도가 높은 바닷물의 영향으로 바닥부터 녹아 무너지기 시작하면, 중력에 의해 밀려오는 거대한 얼음 덩어리의 행렬을 막을 수 없다.

스웨이츠 빙하가 이렇게 취약한 까닭은 스웨이츠와 연결된 서남극 대륙 빙하의 지형이 움푹 파인 그릇 모양이기 때문이다. 스웨이츠는 서남극 대륙의 빙하에 연결되어 바다 위에 떠 있다. 그래서 바닷물의 온도가 올라가면 바다부터 녹기 시작한 스웨이츠 빙하가 얇아지며 코르크 마개처럼 점점 떠오르다 무너지기 시작한다. 스웨이츠가 무너지며 흔들리기 시작하면, 내륙에 있는 빙하의 무게중심이 경사면에서 점점 뒤로 쏠린다. 결국 내륙의 빙하는 아슬아슬하게 스웨이츠를 붙잡고 있는 손을 놓고 만다.

지형 말고도 따뜻한 바닷물이 서남극의 빙하를 위협한다. 육지와 연결된 바닷속 지형은 평평한 대지와 같은 대륙붕으로 연결되고, 곧이어 경사가 급한 대륙사면으로 이어진다. 대륙사면에는 북대서양에서부터 시작된 심층수가 남극 순환 중층수로 이어져 흐르고 있다. 이 물의 온도는 0℃보다 약간 높다. 그런데 서남극의 아문센해 부근에는 대륙사면에 흐르는 중층수가 대륙붕까지 넓게 퍼져 있다. 서남극의 스웨이츠 빙하는 뒤로는 밀리고 앞으로는 얇아지며 부서지는 사면초가의 형국에 빠진다.

남극의 빙하가 사라지면 가장 큰 걱정거리는 해수면 상승이다. 바다는 엄청난 넓이를 자랑한다. 물론 빙하가 좀 녹아 바다로 흘러든다고 해서 해수면이 급상승하는 것은 아니다. 게다가 스웨이츠 빙하는 많은 부분이 물 위에 떠 있어서 해수면 상승에 큰 영향을 주지 않는다.

스웨이츠 빙하가 무너지는 것이 걱정스러운 까닭은 바닷물을 막아서고 있던 방어벽이 사라지기 때문이다. 스웨이츠 빙하가 사라지면, 해수면이 64cm 정도 올라갈 것으로 예측한다. 그러나 이 방어벽의 상실로 서남극 대륙의 빙하가 뒤를 이어 연쇄적으로 무너진다면 2.44m 정도의 해수면이 높아질 것이다. 물론 지구의 기온이 상승하면서 증발이 활발하게 일어나, 기온이 낮은 남극 지역에서 눈이 많이 내리는 등 남극 대륙에 있는 빙하의 질량이 증가하기도 한다. 하지만 그것은 대륙 내부나 동남극에서 일어나는 현

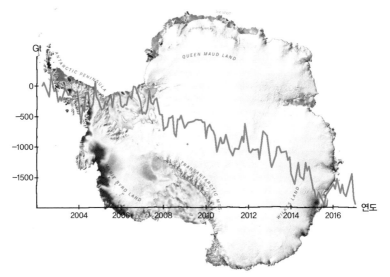

- 남극 빙상 질량 감소(2002년 이후). 2002년 측정을 시작한 이후 남극 빙상의 질량은 매년 감소하고 있다(0 이하의 값은 줄어든 질량).

상일 뿐이다. 남극의 기온은 다른 지역보다 빠르게 오르고 있다. 이로 인해 바다와 접해 있는 서남극을 중심으로 이미 매년 50~137Gt에 달하는 얼음이 바다로 녹아들고 있다. 사라지는 방어벽을 따라 얼마나 많은 서남극 내륙의 빙하가 쏟아져 내릴지, 쏟아지는 얼음으로 해수면이 얼마나 높아질지, 그것이 아직도 알아내지 못한 기후 시스템의 어떤 스위치를 건드릴지 아직 모른다. 하지만 시기와 정도의 차이가 있을 뿐 녹아내릴 것이 분명하다. 이런 위기에 빠진 서남극해의 빙하가 스웨이츠만은 아닐 테다. 이웃한 다른 아일랜드, 헤인즈, 스미스, 콜러 빙하 역시 비슷한 운명에 놓여 있다. 이들 빙하가 사라진다면, 지구는 많은 해안가 도시를 잃을 것이다.

2019년 한국을 비롯해 3개국 60여 명의 과학자들이 스웨이츠 빙하로 몰려갔다. 언제 얼마나 녹을지, 왜 녹는지, 얼마나 해수면이 올라갈지, 우리는 어떤 대비를 해야 할지에 대한 답을 구하기 위해서다. 2020년 2월 남극 기온은 사상 처음으로 20℃를 기록했다.

해수면
상승

해수면은 대략 세 가지 방식으로 높아지고 있다. 우선, 빙하가 녹아 바다로 들어가는 것이다. 여기서 말하는 빙하는 높은 산꼭대기에 있는 만년설과 피오르 해안에서 흘러내리는 빙하를 일컫는다. 다음으로, 그린란드와 남극 대륙 위에 있는 빙하가 녹는 것이다. 마지막은 해수의 부피가 열에 의해 스스로 팽창하는 것이다. 그 밖에도 지하수의 과다 사용으로 땅이 가라앉으며 상대적으로 해수면이 높아지기도 한다. 이들 가운데 과학자들이 가장 걱정스럽게 관찰하고 연구하는 대상은 대륙 위의 얼음이다. 과학자들은 그린란드와 남극 대륙의 빙하가 다 녹으면 세계 대부분의 해안선이 바다에 잠길 것으로 예상한다. 뉴욕, 뉴올리언스, 상하이, 캘커타, 방콕 등 상당수의 도시가 물에 잠기거나 상습 침수 지역이 된다.

육지를 덮고 있는 얼음의 90%는 남극 대륙 위에 있다. 나머지는 북극의 그린란드 위에, 그리고 약 1%는 높은 산꼭대기에 있다. 남극 대륙의 약 98%는 최소 2km의 평균 두께를 가진 빙하로 덮여 있다. 해수면 상승의 절반 이상은 전 세계의 빙하가 녹으면서 일어났다. 나머지는 해수의 온도가 올라가면서 부피가 팽창한 결과다.

1990년대에는 기온 상승에 따른 해수의 열팽창이 해수면 상승의 주요 원인이었다. 그때에는 대륙의 빙하가 녹는다는 것은 가능성으로나 존재했다. 그런데 이제는 사실이 되었다. 녹고 있고, 녹는 속도가 걱정할 만하다. 게다가 심각하게 녹고 있는 바다와 면한 빙하(빙붕)가 무너지면 연쇄적으로 대륙의 빙하가 바다로 밀려 내려올 것이다. 그래서 지금은 해수면을 높이는 가장 주요한 원인이 해수의 열팽창에서 빙하의 녹아내림으로 바뀌었다. 그동안 그린란드에서는 여름에 녹아내린 만큼의 빙하가 겨울이면 다시 채워졌다. 그러나 이제 그린란드를 둘러싼 북극 바다의 수온 상승으로 균형이 깨졌다. 그린란드의 빙하 아래로 얼음이 어는 온도보다 높은 온도의 물이 흐르고 있다는 사실을 최근의 연구가 밝혀냈다. 이 해수가 대륙의 빙하를 무너뜨리고 있다.

그린란드의 빙하는 해마다 줄어들고 있다. 겨울이 되어도 다시 부피가 늘어나지 않는다. 현재 해수면 상승의 20%는 그린란드의 빙상이 녹은 탓이다. 이미 1901~2010년에 평균 해수면은 약 19cm 높아졌다. 앞으로도 해수면은 계속 높아질 것이다. 우리가 파리협정을 지킨다고 하더라도, 2050년까지 30cm, 2100년까지 69cm 상승할 것으로 예측한다. 아니 3m까지 높아질 것이라는 예측도 있다. 이 예측을 뛰어넘는 일이 발생할 가능성도 전혀 없지 않다.

게다가 최근의 한 연구는 그동안의 해수면 상승 예측 값이 인공위성을 기반으로 한 연구여서 해안가의 고도 측정에 오류가 많았다고 지적한다. 비영리 민간기후연구기구인 클라이메이트센트럴은 2019년 10월 〈네이처 커뮤니케이션스〉에 이런 내용을 담은 논문을 발표했다. 해안가에 거대한 도시가 발달한 지역에는 높은 빌딩들이 있고 깊은 숲도 있다. 이런 빌딩들과 숲 때문에 인공위성에서 측정하는 고도에 오류가 생긴다. 그래서 클라이메이트센트럴은 인공지능을 이용해 새로운 예측 모델을 만들었다. 그 결과, 해수면 상승이 센티미터 단위에서 미터 단위로 바뀌었다. 이 예측 모델이 맞는다면, 해수면 상승은 이전의 예측보다 3배나 증가한다.

해수면이 높아지면 세계의 여러 해안가에서 사람들이 짐을 꾸려야 할 것이다. 높아진 해수면 탓에 밀물 때면 해안 깊숙한 곳까지 바닷물이 들이닥치고, 달과 태양의 인력이 힘을 합쳐 큰 밀물을 만드는 만조 때 피해가 커진다. 만조 때 집중호우라도 발생해 엄청난 양의 비가 쏟아진다면, 그 피해는 더욱 커질 것이다. 상습적으로 홍수가 일어나 물에 잠기는 집과, 바닷물에 빈번이 침수되는 농지를 버려야 한다. 공장의 문을 닫고, 상점의 셔터를 내리고,

사람들은 삶의 터전을 옮겨야 한다.

방글라데시에 다카라는 해안 도시가 있다. 거의 해수면과 같은 높이에 있는 다카는 강들이 흘러 바다로 이어지는 삼각주의 정중앙에 위치한다. 700여 개의 모스크에서 새벽부터 밤까지 정해진 시간에 기도문을 읽는 소리가 울려 퍼진다. 전통적인 운송수단인 인력거 릭샤 40만 대가 출퇴근길의 사람들을 실어 나른다. 릭샤의 화려한 포장이 바람에 펄럭일 때마다 남자 인력거꾼의 치마도 함께 펄럭인다. 다카는 일상이 분주한 곳이다. 그러나 해수면이 높아지면 이런 분주한 일상의 모습을 더 이상은 볼 수 없을 것이다. 상습적으로 물에 잠기는 도시라도, 너무나 가난해서 떠나지 못하는 사람들의 절망스러운 일상만이 남을 것이다.

아프리카 나이지리아의 해안가에는 번창한 상업 도시 라고스가 있다. 시장 거리는 차들과 사람들로 발 디딜 틈 없다. 얼핏 혼란스러워 보이지만, 그 안에는 그들 나름의 절묘한 질서가 있다. 차는 차대로 사람을 피하고, 사람은 사람대로 차를 비껴가며 물건을 운반한다. 해수면이 높아지면, 발 디딜 틈 없는 이 거리의 사람들은 상습 침수 지역이 될 이곳을 버리고 떠나야 할 것이다.

이탈리아의 베네치아에는 수상버스가 출근길의 승객을 부지런히 실어 나른다. 물의 도시답게 일상을 물 위에서 시작한다. 베네치아는 아름다운 중세 건물이 고스란히 남아 있고, 셰익스피어의 《베니스의 상인》이 지금도 재연되는 듯한, 도시 자체가 예술작품인 곳이다. 그런데 지반 침하와 함께 밀물의 수위가 높아지고, 기후변화로 폭우가 내려 도시 전체를 침수시켰다. 급기야 2019년, 침수로 인한 비상 사태가 선포되었다. 해수면이 더 높아지면 관광객들이 무리 지어 일몰을 감상하던 리알토 다리를 다시는 볼 수 없고, 곤돌라를 모는 뱃사공의 〈산타루치아〉를 더 이상 들을 수 없게 될 것이다.

미국 뉴올리언스에는 타이프라이터로 즉석에서 시를 써 판매하는 거리의 시인들이 있다. 흑인들의 영혼의 선율을 만드는 재즈 바와 악단들도 있다. 해수면이 높아지면 영혼의 선율과 위안이 가득했던 거리는 비워질 것이고, 음악과 시조차 머물지 못하는 거리가 될 것이다.

태국의 방콕, 이집트의 알렉산드리아 해변, 네덜란드의 로테르담, 인도의 뭄바이, 중국의 상하이, 일본의 오사카도 더는 사람들이 살지 못하는 도시가 될 것이다. 그리고 한국의 인천과 김포, 부산의 아름다운 해변도 상습 침수 지역이 될 것이다.

대륙의 빙하가 녹아내리는 속도나 양, 그리고 그로 인한 해수면 상승 정도에 대한 예측은 아직 부정확하다. 누구는 60cm를, 누구는 몇 미터를 이야기한다. 과학자들은 설마 하면서도 서남극을 중심으로 녹아내리는 대륙의 빙하가 돌이킬 수 없는 급변점에 도달할 위험을 조사하고 예측하기 위해 연구를 진행 중이다. 그렇지만 분명한 것은 태평양의 섬나라를 떠나는 사람들, 상습 침수에 지친 땅을 버리고 도시로 몰려드는 이재민들이 이미 존재한다는 사실이다. 이런 사람들의 행렬은 앞으로 세계 여러 지역에서 더 많이 이어질 것이다. 또 분명한 것은 한번 사라진 대륙의 빙하는 다시는 볼 수 없다는 점이다. 이 빙하들은 과거 지구가 빙하기에 있을 때 만들어진 것이기 때문에 다음 빙하기가 와야 다시 그 모습을 드러낼 것이다.

영구 동토층

1년 365일 항상 매서운 추위로 모든 것이 꽁꽁 얼어 있는 땅이 있다. 알래스카, 캐나다 북부, 시베리아, 알프스, 티베트 고지대에서 이런 땅을 만날 수 있다. 항상 얼어 있는 영구동토층은 북반구 땅의 무려 1/4을 차지한다. 그러나 추운 지역에도 여름은 온다. 여름에는 얼어붙었던 대지가 녹기도 한다. 하지만 겉만 조금 녹을 뿐이다. 햇볕도 어쩔 수 없는 그 아래의 땅은 요지부동이다. 녹은 물이 스며들지 못하고 고여 크고 작은 호수들을 만든다. 이 영구동토층에도 생명이 산다. 곰이 살고, 여우가 살고, 이끼류가 번성하고, 봄이 되면 땅에 납작 엎드린 식물들이 꽃을 피운다. 오래전에는 거대한 나무와 다양한 식물도 살았다. 화려한 뿔을 자랑하는 매머드도 살았다. 하지만 살아 있는 모든 생명에게 영원이란 없다. 이

것이 지구의 법칙이다. 생명은 잠시 살다가 죽어 땅에 묻힌다.

기온이 적당한 곳에서는 눈에 보이지 않는 작은 청소부인 박테리아들이 죽은 동식물의 사체를 분해해 다시 흙으로 돌려보낸다. 이 과정에서 박테리아는 사체 조직 속의 탄소를 이산화탄소의 형태로 배출한다. 이것이 박테리아가 에너지를 얻는 호흡의 과정이다. 이렇게 박테리아 덕에 자유를 찾은 이산화탄소 일부를 녹색식물이 광합성에 사용한다. 다른 일부는 다시 대기로 돌아가 탄소순환의 긴 쳇바퀴에서 각 단계를 밟으며 돌고 돈다. 하지만 1년 사시사철 얼어붙어 있는 이 북극 바다 주변의 영구동토층은 온도가 너무 낮다. 죽은 사체를 처리할 작은 청소부들이 활동할 만한 조건이 아니다. 그래서 동식물의 사체는 완전히 분해되지 않은 채 얼어붙은 땅에 묻혀 긴 잠을 잔다.

그런데 지구의 기온이 올라가기 시작했다. 산업혁명이 일어난 후 200년 만에. 100년밖에 살지 못하는 인간에게 200년이란 세월은 길 수도 있다. 하지만 46억 년을 살아온 지구에게 200년은 빛의 속도다. 46억 살의 지구가 눈 깜짝할 사이에 벌어진 기온의 상승을 따라잡지 못하는 것은 어쩌면 당연한 일일 수 있다.

기온 상승은 1년 365일 얼어 있던 영구동토층을 녹인다. 잠자던 박테리아들이 깨어났다. 박테리아들은 냉동고에서 갓 꺼낸 신선한 음식들이 그득 차려진 잔칫상을 받았다. 이제 다양한 박테리아 청소부들의 호흡 작용으로 부패가 시작된다. 그런데 주변이 온통 늪과 호수다. 얼음이 녹으면서 부피가 줄어들어 살짝 꺼진 땅이 만들어지는데, 그곳에 물이 고여 생긴 늪과 호수다. 물속에 산소가 부족하면, 이 특별한 분해자들은 산소 없이 유기물을 분해한다. 그리고 이산화탄소가 아닌 메테인을 만들어낸다. 불행히도 이 메테인은 이산화탄소보다 1분자당 25배나 힘이 센 온실가스이다.

과학자들은 영구동토층의 물웅덩이에서 뽀글뽀글 기체 방울이 올라오는 것을 발견했다. 심지어 얼어붙은 호수를 깨뜨리고 불을 가져다 대자 불길이 하늘 높이 치솟았다. 메테인 가스다. 불행 중 다행이라고 해야 할까? 메테인은 대기 중에 안정적으로 머무는 시간이 12~13년으로 이산화탄소보다 짧다. 이산화탄소는 조건에 따라서 5~200년까지 대기 중에 머문다. 하지만 대기 체류 기간이 짧다 하더라도, 이미 지나치게 많이 쌓인 대기 중 온실가스에 강력한 힘을 가진 메테인이 더해진다면, 지구는 넘지 말아야 할 급변점을 순식간에 돌파할 수 있다. 그래서 과학자들은 두려워하며 영구동토층을 관찰한다. 세계의 영구동토층에는 약 1조 5억t의 탄소가 갇혀 있다. 영구동토층이 얼마나 녹을지, 또 메테인은 얼마나 대기로 풀려날지, 풀려난 메테인이 일으키는 되먹임은 지구상의 급변점들을 어떻게 흔들어놓을지. 우리가 합의한 바로는 2021년 현재 우리가 사용할 수 있는 탄소예산은 2,900억~4,500억t뿐인데.

6

외줄 타는 숲

이상한 게릴라들과
세상에서 가장 긴 집

2001년 1월 16일 한국인이 인도네시아의 무장 반군에게 납치되는 사건이 일어났다. 납치범들은 '자유파푸아운동'이라는 무장 반군으로, 서파푸아(서뉴기니)의 깊은 열대우림에 근거지를 두고 있다. 서파푸아는 인도네시아의 여러 섬들 중 동쪽 끝에 있는 섬으로 파푸아뉴기니와 국경을 마주하고 있다. 특이하게도 서파푸아와 파푸아뉴기니의 국경은 정확하게 직선이다. 납치된 사람들은 서파푸아 열대우림 지역에서 합판과 전 세계에서 가장 많이 사용하는 식용유 팜나무의 기름을 생산하는 한국 기업 코린도의 한국인 소장과 인도네시아 현지 직원들이었다.

납치 사건이 일어난 다음 날 이 소식을 전해 들은 한국인 본부장과 팜유 농장 책임자인 한국인 차장, 그리고 인도네시아 현지 직원 세 명이 인질을 억류하고 있는 장소로 찾아갔다. 경찰의 보호를 받거나 무장 반군으로부터 면담하자는 연락을 받은 것이 아니었다. 평소 이들은 무장 반군의 지도자와 친분이 있었다. 하지만 이들도 억류된다. 이후 1월 28일 인질 중 한국인 한 명과 인도네시아인 열두 명이 석방되었다. 무장 반군은 한국인 두 명과 인도네시아인 한 명을 계속 억류한 채 인도네시아 대통령과 면담을 요구했다. 한국 정부에 돈을 요구하지는 않았다. 2월 7일 나머지 세 명도 석방되었다. 그 후 무장 반군은 대통령 별장에서 인도네시아 대통령과 면담을 가졌다.

그 자리에는 인질이었던 코린도 임원도 동석했다. 무장 반군은 서파푸아의 독립을 요구했다. 그러나 인도네시아 대통령은 반군의 요구를 단칼에 거절했다. 대신 그 지역의 발전을 약속했다. 회담이 좀 더 이어졌다. 그러나 회담에 참석한 코린도 임원의 말에 따르면, 인도네시아 대통령은 회담 중 앉은 채로 코를 골며 잤다고 한다. 회담 뒤 한국인 납치 사건을 주도했던 무장 반군의 지도자는 오토바이를 타고 밤길을 가던 도중 무장 괴한에게 살해되었다. 자유파푸아운동은 더 깊은 우림으로 들어갔다.

이상하다. 일반적인 테러리스트의 납치 사건과는 다른 점들이 여럿이다. 돈을 요구하지 않았고, 대통령 면담이 성사되기도 전에 인질들을 석방했다. 납치 당사자인 한국인이 대통령 면담에 참여했다. 게다가 들리는 이야기에 따르면, 납치된 사람들은 납치된 동안에도 신변의 위험을 느끼지 않았다고 한다. 이런 이상한 인질극을 벌인 무장 반군 자유파푸아운동은 무엇을 위해 싸우는 조직일까?

자유파푸아운동의 요구사항은 서파푸아의 독립이었다. 1962년까지 네덜란드의 식민지였던 서파푸아는 1963년 인도네시아군에게 다시 점령되었다. 인도네시아의 점령에 저항하는 서파푸아 사람들은 군사 작전과 공군 폭격으로 진압되었다. 그 후 서파푸아는 유엔의 묵인 아래 인도네시아의 26번째 주 이리안자야로 이름이 바뀐다. 이 일이 있기 2년 전 미국과 인도네시아는 서파푸아에 대규모 금광과 구리 광산을 건설했다. 인도네시아 정부는 개인이 소유하지 않은 모든 숲과 땅을 정부가 관리하는 법을 만들었다. '조상의 숲'에서 그 숲을 보호하며 오랫동안 살아오던 토착민들에게서 숲에 대한 권리를 빼앗았다. 또 세계은행으로부터 빈곤층을 위한 개발 사업 명목으로 자금을 지원받아 인도네시아인의 서파푸아 이주 정책을 대대적으로 펼쳤다. 이후 주거지 개발, 벌목권 양도, 광산 개발 등의 정책으로 갈등이 지속되었다. 이 과정에서 목숨을 잃은 서파푸아 사람들이 30만 명에 이른다.

대규모 목재 가공 산업을 추진하는 인도네시아 정부는 열대우림에 도로를 뚫고, 나무를 베고, 외국 기업들을 불러 합판 공장을 세우고, 광산을 개발하고, 팜나무 농장을 만들었다. 불도저가 열대우림 지역의 나무들을 파괴했고, 광산에서 나오는 독성 물질로 강물이 오염되었다. 나무를 베기 위해 아무렇게나 뚫은 도로는 강의 흐름을 바꾸었고, 허리가 잘린 작은 하천은 모기의 서식지가 되어 열대 질병을 유행시켰다. 팜나무를 심기 위해 불태운 열대우림이 점점 늘어났으며, 팜나무 한 종만 재배하는 단일 작물 재배지의 면적이 넓어져 생태계의 다양성도 훼손되었다. 토착 주민들은 약재와 임업 부산물을 채취하던 '조상의 숲'이 파괴되어 점점 더 깊은 숲속으로 쫓겨났다.

인도네시아는 중국, 미국에 이어 3위의 이산화탄소 배출국이다. 인도네시아에 이렇게 많은 양의 이산화탄소를 배출하는 산업 시설이 있는 것은 물론 아니다. 산림이 파괴되면 이산화탄소가 배출된다. 나무는 사라지면서 성장 기간 동안 가두어두었던 탄소를 다시 대기에 내놓는다. 인도네시아에서는 끊임없이 나무가 베어지면서 많은 양의 이산화탄소가 배출되었다.

이상한 인질극은 바로 이러한 숲에서 비롯되었다. 숲에서 나고 자란 사람들은 숲이 오랫동안 보존되어야 그들의 삶도 지속 가능해진다는 사실을 안다. 그들은 병이 나면 숲에 들어가 약재를 구한다. 귀하고 특별한 먹거리도 숲에서 구한다. 비누는 숲에서 얻은 특별한 나무 열매로 만든다. 가구가 필요하면 숲에서 나온 등나무를 엮어서 만든다. 아이들의 '방과 후 학교'도 숲에서 열린다. 아이들은 숲에서 조상들의 지혜를 배운다. 결코 필요 이상을 숲으로부터 가져와서는 안 된다는 것을 배운다. 더불어 살며 깊어지는 숲에서 함께 사는 지혜를 얻는다. 외국 기업들에게 벌목을 허가하고, 대규모 팜나무 농장을 만들고, 광산을 개발하는 것은 숲을 파괴하고 주민들을 위협하는 행동이다. 이런 상황에서 벌어진 이상한 인질극은 테러 집단이 아닌 '조상의 숲'을 지키려는 이들의 독립을 요구하는 싸움이었다. 그들이 독립을 요구하는 까닭은 자신들의 터전을 지키고, 오랫동안 이어온 선조들의 지혜를 따라 숲을 지켜나가며, 지속 가능한 삶을 보장받기 위해서였다.

2019년 숭나이 우띠라는 마을이 인도네시아 정부로부터 토지에 대한 법적 인정과 소유권을 얻어냈다. 숲에서 오랫동안 살아온 토착민들이 숲에 대한 '관습적 권리'를 획득한 것이다. 2013년 인도네시아 헌법재판소에서 '칼리만탄 주정부는 토착민의 숲을 그들에게 돌려주어야 한다'는 판결을 내렸다. 50여 개가 넘는 토착민 공동체가 약 250km²의 숲에 대한 권리를 되찾을 수 있는 길이 열렸다. 물론 여전히 칼리만탄에는 아직 권리를 찾지 못한 650여 개의 토착민 공동체가 7만 7,000km²의 숲에서 살고 있다. 헌법재판소의 판결이 있고 난 뒤에도 팜유, 펄프, 제지 회사의 끊임없는 로비 압력으로 실질적인 권리 인정은 차일피일 미루어졌다. 그러다 숭나이 우띠 마을이 처음 그 권리를 얻어냈다.

숭나이 우띠 마을은 우리에게는 보르네오섬으로 잘 알려져 있는 인도네시아의 칼리만탄섬에 있다. 서파푸아섬의 북서쪽에 위치한 곳이다. '다약 사람들'이라고 불리는 토착민들은 긴 공동주택에서 함께 산다. 관광객들 사이에서 '롱하우스'라고 알려진 이

길고도 긴 집은 '베땅'이다. 숭나이 우띠 마을의 베땅은 길이가 200m나 된다. 200m의 긴 복도를 따라 28개의 방이 줄지어 늘어선 단 한 채의 집이다. 집 한 채에서 마을 사람들이 다 함께 산다. 베땅은 집이고, 교육 기관이고, 일터이다.

이 마을은 유엔개발계획(UNDP)에서 주최하는 '열대 상(prize)'을 받았다. 숲을 지키고 가꾸어 기후변화를 막는 데 큰 역할을 한 것을 인정받았다. 한 연구에 따르면, 토착민들이 살고 있는 숲에는 최소 2억 9,600만t의 탄소가 저장되어 있다고 한다. 토착민들이 숲의 권리를 인정받지 못한다면, 목재 회사가 불도저를 밀고 들어오거나, 식용유나 바이오 연료를 위해 팜나무를 재배하는 곳으로 쉽게 개발되면서 이곳에 머물던 탄소는 대기로 풀려날 것이다. 토착민들은 숲에 탄소가 안정적으로 머물도록 하는 존재이다.

원주민들이 '열대 상'을 받기까지, 그리고 조상 숲의 권리를 되찾기까지 40여 년에 걸친 저항과 전쟁, 희생이 있었다. 처음 발단은 1983년이었다. 이 마을 사람들이 식수와 생활용수로 사용하던 신성한 조상 숲 안의 강이 갑자기 회색으로 변했다. 오염원을 찾기 위해 토착민 용사들이 숲을 탐사하다 강 상류에서 중장비를 사용해 나무를 베는 건설 회사를 발견했다. 그들과 협상했지만 결렬되었다. 토착민들은 조상들의 신성한 숲에서 그 회사를 쫓아내기 위해 군대를 만들고 전쟁을 벌였다. 결국 그 건설 회사는 물러났다. 하지만 그 일을 시작으로 지금까지 개발 회사들의 끊임없는 시도를 막아내야 했다.

숭나이 우띠의 베땅 공동체 의장은 숲에 대한 권리 문서를 받던 날 이렇게 말했다.

숲은 아버지이고, 지구는 어머니이며, 강은 우리의 피와 같다. 우리는 합법적인 지위를 얻기 위해 투쟁해왔고, 그래서 지금 이 순간은 매우 기쁘다. 숲을 지키고 권리를 되찾는 과정은 결코 쉽지 않았다. 그러나 우리가 우리의 숲을 지키기 위해 계속 노력한다면, 우리 숲은 결코 우리를 떠나지 않을 것이다.

멀리서 베땅의 아이들이 부르는 노랫소리가 들린다.

"우리는 강과 숲과 들판에서 놀아요. 우리는 그들을 꼭 지킬 거예요."

외줄 타는 숲

숲은 생체 에너지로만 가동되는 대형 가습기이다. 뿌리의 삼투압과 잎에서 수증기가 빠져나가는 증산 작용으로 만들어진 물관 속의 압력 차이, 그리고 물 분자가 서로를 끌어당기는 힘은 많은 양의 물을 공기 중으로 돌려보낸다. 만약 10m 정도 높이의 나무라면, 대략 하루 만에 1.5ℓ짜리 생수병 400개가 넘는 양의 물을 흙에서 빨아들여 공기로 뿜어낸다. 비가 내리면 물은 토양으로 스며들었다가 계곡으로 모인다. 하지만 땅에 내리는 비의 70%는 다시 대기로 돌아가 다음의 비를 준비한다. 땅속에 스며 들어간 비를 공기 중으로 다시 돌려보내 육지에서 물의 순환을 일으키는 역할을 숲의 나무가 맡는다. 그래서 숲을 '녹색의 댐'이라고 부른다.

숲의 녹색은 다양하다. 갓 잎이 나기 시작할 때의 옅은 녹색, 본격적으로 성장하며 바뀌는 짙은 녹색. 그 밖에도 계절이 분명한 중위도 지역에서는 가을이 되면 붉고 노란색으로 물든다. 하지만 숲과 나무는 녹색을 별로 좋아하지 않는다. 식물이 광합성에 주로 이용하는 색은 가시광선 중 파랗거나 빨간 영역의 빛들이다. 그 파장 영역에서 광합성 속도가 빨라진다. 숲과 나무가 녹색을 띠는 까닭도 주로 녹색을 반사하기 때문이다. 녹색의 잎에 주로 분포하고 녹색을 싫어하는 엽록체에서 햇빛의 가시광선을 이용해 물과 이산화탄소만으로 포도당을 생산한다. 또 탄소 화합물의 형태로 탄소를 저장한다. 그리고 그 과정에서 만들어진 산소를 대기로 뿜어낸다. 세상에 이런 고효율의 공장은 어디에도 없다. 거의 아무것도 사용하지 않고 뚝딱 포도당을 생산하고 녹말을 만든다. 게다가 우리가 지나치게 많이 쏟아낸 대기 중 이산화탄소를 격리한다.

하지만 나무가 대기 중 탄소를 없애기만 하는 것은 아니다. 같은 종류의 나무라면, 나이가 많은 나무는 성장하는 나무에 비해 광합성을 통한 탄소 저장 능력이 떨어진다. 나무는 기온이 올라가면 광합성 양은 줄어들고 호흡량이 늘어난다. 광합성을 할 수 없는 밤에는 탄소를 흡수하지 못하고 방출만 한다. 그래서 나무는 광합성을 통해 제거한 이산화탄소의 절반 정도를 다시 호흡을 통해 대기 중으로 내놓는다.

숲의 토양에서 열심히 분해 작용을 하는 박테리아들도 호흡을 통해 이산화탄소를 내놓는다. 산불이 나면 숲은 상당량의 이산화탄소를 방출한다. 숲에 전염병이 돌면 광합성 양이 줄어든다. 또 위도와 기후에 따라서 광합성 양이 다르다. 그러므로 나무와 숲이 대기 중 이산화탄소를 드라마틱하게 줄일 것이라는 생각은 잘못이다. 심지어 지역에 따라 나무와 숲은 이산화탄소의 흡수원이 아니라 배출원이 되어버리기도 한다.

그렇다고 숲이 하는 역할이 보잘것없다는 뜻은 결코 아니다. 숲은 지구 시스템에서 중요한 역할을 맡고 있다. 지구에서 대기와 직접적으로 물질 교환을 활발하게 하는 존재가 바로 나무이다. 나무는 이산화탄소를 흡수하기도 하고 내보내기도 한다. 나무는 산소를 내보내기도 하고 흡수하기도 한다. 나무는 수증기를 흡수하기도 하고 내보내기도 하며 지구의 물 순환을 유지한다. 그래서 숲이 파괴되면 수자원이 파괴되어 가뭄과 물 부족에 시달린다. 물은 순환 과정에서 에너지를 흡수하기도 하고 방출하기도 하면서 지구의 에너지 분배에 기여한다.

숲은 외줄을 타는 광대와 같다. 이쪽으로도 저쪽으로도 쓰러지지 않는 광대처럼 절묘하게 균형을 잡는다. 물론 숲과 나무는 태양복사에너지를 반사하는 정도인 알베도 면에서는 형편없는 값을 갖는다. 단순히 알베도만을 놓고 비교한다면, 숲이 없는 땅이 있는 땅보다 반사율이 높아 기온을 낮출 수 있다. 하지만 숲은 탄소를 묶어두고, 물을 순환시켜 구름을 만든다. 물론 광합성과 호흡, 그리고 미생물에 의한 유기물의 분해 과정에서 일어나는 탄소 총량의 변화가 기후에 어떤 영향을 끼치는지는 아직 논란거리다.

분명한 것은 숲이 탄소의 흡수원에서 배출원으로 돌아서는 것을 막아야 한다. 이것은 모두 숲을 가꾸고 건강하게 지켜야 가능하다. 숲은 가꾸어야 숲이다. 무분별한 개발과 불법 벌목 그리고 산불과 병충해로부터 숲을 보호하고 가꾸어야 한다.

숲으로 가보자. 세상에는 숲이 많다. 그중 기후변화와 관련해 주목해야 할 세 개의 숲에 관해 이야기하려 한다. 첫째는 타이가다. 타이가는 열대우림과는 정반대의 환경에서 적은 양의 눈만으로 한 해를 버틴다. 짧은 여름과 긴 겨울의 시간을 보내며, 북반구의 극 지역 가까운 곳에 위치한, 세상에 존재하는 가장 거대한 숲이다. 둘째는 적도를 중심으로 약 25° 정도 남북에 위치해 있는 숲, 가장 많은 종류의 지구 생태계 가족들이 살고 있는 숲, 1년에 2,000mm 이상의 비가 내려 '비의 숲'이라고 불리는 열대우림, 그중에서도 아마존의 열대우림이다. 마지막으로 바다의 숲인 맹그로브이다. 해안의 침식을 막아내고, 강의 하구에서 발달하며, 특이한 뿌리 구조로 짠물에서도 숨을 쉬는 지혜로운 숲이다.

지구의 가장
거대한 숲

위성지도서비스에서 북극을 지도 가운데 위치하도록 방향을 잡아보자. 북극을 둘러싸고 있는 녹색의 길고 두터운 벨트를 발견할 수 있다. 고위도 지역인데도 숲이 지구를 한 바퀴 감싸고 있다. 이

• 세계에서 가장 넓은 숲인 아한대 숲 타이가가 지구를 한 바퀴 감싸며 분포하고 있다.

거대한 숲을 '타이가'라고 부른다.

시베리아와 연해주를 거쳐, 일본의 홋카이도, 캄차카반도를 지나 알래스카와 북미의 캐나다 그리고 유럽의 스칸디나비아반도까지 지구를 한 바퀴 돌며 숲이 이어진다. 이곳에는 깊은 침엽수림이 자리하고 있다. 잎이 뾰족한 바늘 모양을 하고 있는 소나무와 전나무 등이 대부분이다. 쨍하게 추운 날씨 속에 짙은 밤색의 불곰이 날쌔게 나무를 타며 굵은 발톱 자국을 내고 있는 숲, 파랗게 질린 입술처럼 바짝 서 있는 나무들의 숲, 소름처럼 돋은 아한대의 타이가. 이 거대한 숲은 그 뿌리의 끝이 영구동토층에 닿아 있다. 지구에서 가장 넓은 면적을 차지하고 있는 육상 생물 군락지이다. 전 세계 삼림의 38%를 차지하고 있다.

타이가에 1년 동안 내리는 비(눈)의 양은 적다. 그러나 햇빛 또한 적어서 물이 쉽게 증발하지 않는다. 축축한 땅은 충분한 양의 수분을 나무에 공급한다. 숨을 깊게 들이마시면 코 안이 쩍 얼어붙을 정도로 추운 땅에서 자라는 북방 침엽수림 군락이다. 겨울에도 낙엽이 지지 않는 녹색의 잎은 짧은 시간 동안만 허락되는 햇빛을 이용해 광합성을 하며 에너지 물질을 생산한다. 그리고 침엽수의 바늘 모양 잎은 호흡으로 낭비하는 에너지를 최소화하는 데 최적화되어 있다.

지질 시대 역사의 무대에 침엽수는 잎이 넓은 활엽수보다 빨리 나타났다. 공룡이 육지와 바다를 활보하던 시대에 그들과 함께 살았다. 추위가 조금 덜한 곳에서는 바늘잎 침엽수뿐만 아니라, 흰 껍질로 은백색의 숲을 만들어내는 자작나무 숲도 만날 수 있다. 시베리아 횡단열차를 타고 가는 몇 날 며칠 동안 계속 차창 밖으로 펼쳐지는 자작나무들도 타이가의 남쪽 지역에 자리한 숲이다. 우리들이 화장실에서 만나는 휴지, 복사 종이 등은 이 타이가의 나무들이 인간 사회에 제공하는 서비스이다.

기후변화와 타이가 숲의 달리기

그런데 타이가에서 때아닌 달리기가 벌어지고 있다. 기후변화와 타이가의 달리기이다. 타이가를 이루는 침엽수는 낮은 기온에 맞춰 적응했다. 그래서 기온이 올라가면 나무의 생장에 영향을 받는다. 기온이 올라간 곳의 나무들은 잘 자라지 못하고 대부분 죽는다. 타이가의 씨앗 가운데 상대적으로 따뜻한 남쪽에 떨어진 것들은 낯선 환경에서 정상적으로 성장하지 못한다. 그뿐만 아니다. 기온이 올라가면서 축축한 숲의 습기는 사라지고 건조한 환경으로 바뀐다. 게다가 올라간 기온 탓에 나무를 갉아 먹는 곤충들의 개체수가 늘어나 나무의 성장을 방해한다. 반면 북쪽으로 올라간 씨앗들은 그곳에서 잘 발아해 생장한다. 이렇게 아한대의 기후대가 점점 북쪽의 고위도로 밀려남에 따라 숲의 나무들도 그 기후대를 쫓아 올라간다.

씨앗이 싹을 틔우고 나무가 되는 데에는 시간이 걸린다. 아한대 기후대의 나무들은 태양 빛이 적게 비치는 탓에 성장 속도가 더디다. 그래서 타이가가 북쪽으로 이동해 다시 군락을 형성하는 일은 쉽지 않은 일이다. 단 2℃만 기온이 오르더라도 타이가에 적당한 기후대는 1년에 5km나 북쪽으로 이동한다. 과연 세상의 어떤 나무들이 1년에 5km씩 이동할 수 있을까? 결론은 숲의 붕괴이다. 최근 연구에 따르면, 아한대 기후대가 타이가의 나무들이 이동할 수 있는 능력보다 10배나 빠르게 북쪽으로 이동하고 있다고 한다.

이미 세계 평균 기온이 산업화 이전에 비해 1.1℃ 오른 오늘날의 타이가는 성장에 영향을 받고 있다. 북극을 향한 생태계 전체의 이동이 시작되었고, 산불의 발생 면적과 횟수가 눈에 띄게 늘어났다. 북미에서는 산불로 파괴된 숲의 면적이 이전과 비교해 2.5배 증가했다. 그리고 급기야 영구동토층이 녹아내리기 시작했다. 러시아 남쪽 영구동토층의 경계는 수백 킬로미터나 북쪽으로 이동할 것이고, 이 이동으로 타이가는 탄소 저장소에서 탄소 배출소로 변신할 것이다.

기온이 올라갈수록 숲은 물을 잃을 것이고, 산불이 더 넓은 지역을 더 많은 횟수로 태울 것이다. 그 결과 아한대 숲은 거대한 탄소 배출원이 될 것이다. 산불로 타버린 숲은 변화한 기후 탓에 다시 숲으로 돌아가는 복원의 길을 잃어버리고 말 것이다. 타이가의 생태계는 새로운 생태계로 변화를 강요받을 것이고, 점점 숲의 모습을 잃어갈 것이다.

쇠락하는 숲의 뒤를 초원의 세계가 차지할 것이다. 물론 아한대 지역의 기후가 온난해지면 나무의 성장 속도가 빨라지고 활엽수를 중심으로 한 다양한 수종의 숲으로 번성할 수도 있다. 하지만 이런 일은 아주 천천히 일어날 것이다. 화석 연료를 태우며 달리는 자동차나 비행기의 속도가 아닌, 자연의 속도로 변화에 적응해 나갈 테니 말이다.

지구 온도가 4℃ 올라가면 타이가는 세상에서 사라지고, 타이가보다 더 고위도에 있는 툰드라는 대초원 시대로 들어설 것이다. 지구는 가장 거대한 숲을 잃을 것이다. 기후위기에 함께 맞설 동맹군을 잃을 것이다.

타이가가
기후변화를 막는 방법

타이가가 기후변화에 영향을 받지만, 타이가도 기후변화에 영향을 준다. 타이가는 탄소 저장 능력이 뛰어나다. 열대우림인 아마존보다 뛰어나다. 열대우림은 기온이 높아 호흡량이 많다. 열대우림의 나무가 광합성을 통해 대기에서 제거한 탄소의 65%를 호흡을 통해 다시 돌려보낸다. 물론 타이가의 나무들은 햇빛이 적어 광합성 양이 적다. 하지만 호흡도 적어서 효율적으로 그늘살이를 한다. 식물들이 붙잡고 있는 전체 탄소의 27%, 지구 전체 토양이 포획하고 있는 탄소의 25~30%를 타이가가 차지하고 있다.

숲이 탄소 통조림이라는 영광스러운 별칭을 갖는 이유는 나무 한 그루 한 그루에 있다. 하지만 나무 한 그루 한 그루의 탄소 저장 용량을 모두 합한 것과 숲의 탄소 저장 용량은 같지 않다. 부분의 합이 전체는 아니다. 실제로 숲의 나무가 저장하는 탄소의 2배 가까이를 숲의 토양과 미생물이 붙잡고 있다. 이 토양을 보호하는 것이 나무가 모여 이루어진 숲이다.

아한대 지역의 타이가에서는 토양의 탄소 저장 능력이 다른 지역에 비해 뛰어나다. 차가운 날씨 탓에 미생물의 작용이 활발하지 않아 유기물이 잘 분해되지 못하고 이산화탄소가 그냥 토양에 머물기 때문이다. 그런데 타이가가 북쪽으로 밀려나고 숲이 황폐해지면 토양 속의 미생물도 급격한 환경 변화를 맞는다. 숲이 사라지면 물도 함께 자취를 감춘다. 또 햇빛가리개 역할을 하던 나무가 사라지면, 햇빛이 고위도의 차가운 숲에 쏟아져 내린다. 미생물의 유기물 분해가 활발해지면서 탄소가 토양을 빠져나가 공기 중으로 들어간다. 토양과 나무가 가두어두었던 탄소가 급격하게 대기 중으로 빠져나가며 다시 기온을 올리는 '양의 되먹임' 현상이 일어난다. 이 '양의 되먹임'은 물의 순환에 영향을 미쳐 타이가 숲의 파괴가 급변점을 넘어설 것이다.

물론 이 타이가 숲의 파괴는 그저 그들만의 이야기로 끝나지 않을 것이다. 스톡홀름대학 회복력센터 연구원들이 지구 시스템의 요소들이 어떻게 서로 결합해 있는지를 연구하여 2018년 〈사이언스〉에 발표했다. 지구 환경 붕괴를 일으키는 요소 중 45%가 서로 관련되어 있어 도미노 효과를 일으키거나 되먹임으로 증폭할 수 있는 잠재력이 있다는 사실을 밝혀냈다.

열대의 숲
아마존

만약 아마존이 파괴된다면, 강수량이 15% 감소할 것이라고 과학자들은 계산한다. 비의 신이 있다면 아마도 아마존에 살았을 것이다. 숲은 비가 내리면 넓게 뻗은 뿌리로 물을 빨아들여 수십 미터 높이의 잎 하나하나에 물을 운반한다. 잎은 광합성에 그 물을 이용해 양분을 생산한다. 나무는 잎에 있는 구멍(기공)을 열어 빨아들인 물을 수증기로 증발시킨다. 그러면서 식물의 체온이 올라가는 것을 막고, 뿌리로부터 물을 다시 빨아들이는 힘을 만들어낸다. 이 수증기는 공기 중으로 나와 기류를 따라 이리저리 흔들리며 남미의 높은 산을 타고 오르다 구름이 된다. 하늘을 향해 거꾸로 흐르는 수증기의 강줄기가 응결해 만들어진 구름은 다시 그 자리에서 비가 되어 숲으로 돌아간다. 또 공기의 흐름에 실려 고향을 떠나 먼 곳으로 이동하며 낯선 곳에서 비가 되기도 한다.

아마존은 적도 부근에 있는 열대 숲의 40%를 차지하고 있다. 지구 생태계의 1/3에 해당하는 종들이 모여 산다. 그런데 아마존이 한계에 도달해 회복이 불가능해지는 급변점을 맞았다는 우려의 목소리가 많다. 아마존에 2005년, 2010년, 2015~2016년에 기록적인 가뭄이 발생했다. 그리고 2009년, 2012년, 2014년에는 대규모 홍수가 발생했다. 물론 아마존의 가뭄과 홍수는 엘니뇨와 남방진동의 영향도 있다. 엘니뇨와 남방진동은 자연적인 현상이지만, 기후변화가 심화될수록 주기와 강도에 변화가 나타나는 것으로 관측되고 있다.

아마존은 어지간해서는 가뭄을 겪지 않는다. 울창한 숲은 햇빛이 대지에 닿는 것을 좀처럼 허용하지 않는다. 나무들이 깊게 뿌리내리고 있는 대지는 항상 충분한 양의 물기를 가두고 있다. 그런데 좀처럼 가뭄이 발생하지 않는 아마존에 가뭄이 발생하기 시작했다. 가뭄으로 나무가 죽으면서 햇빛을 가리고 있던 두터운 차양이 사라졌다. 열대의 강한 태양이 토양을 비추자 풀이 자라기 시작했다. 또 아마존을 가로지르며 도로를 내자 도로 옆 숲으로 햇빛이 여지없이 비집고 들어왔다. 다시 땅이 마르고 풀이 자랐다. 아마존에서는 자연 발화에 의한 산불은 거의 없다. 대부분의 화재는 목장, 농장, 벌목, 광산 개발 등을 위해 누군가 일부러 불을 지르는 것이다.

이러한 숲의 파괴는 숲에서 대기로 뿜어내던 수증기의 양을 줄인다. 그로 인해 내리는 비의 양이 줄어들어 가뭄에 시달리고 숲은 더욱 파괴된다. 그리고 숲의 파괴는 대기를 마르게 한다. 아마존에서의 '양의 되먹임' 현상은 이미 시작되었다. 숲의 파괴가 더 심화되어 대형 가습기가 의미 있는 수준의 작동을 멈추게 되면, 돌이킬 수 없는 급변점에 도달하게 될 것이다. 물론 열대의 아마존은 숲을 다시 복원할 수 있을 것이다. 하지만 어린 나무들이 자라는 속도는 더디다. 이미 말라버린 숲은 비의 숲이라 불리던 과거의 아마존이 될 수는 없을 것이다.

숲의 수호자
전사들의 전쟁

2019년 8월 아마존에 산불이 났다. 탈 것이 많은 곳에서 산불이 나는 현상은 자연스럽다. 그러나 2019년 아마존의 산불은 많은 의혹에 휩싸였다. 그 의혹이 불씨가 된 듯, 불은 유난히 오랫동안 꺼지지 않았다. 8만 6,000여 건에 이르는 산불은 기후변화와, 이익에 눈먼 외국 기업들의 무분별한 나무 베기의 합작품이었다는 의혹을 받았다. 2018년에 이루어진 조사를 보면 이미 축구장 4,500여 개 넓이의 숲이 화재로 사라진 터였다. 그렇게 사라진 자리에 소를 키우는 목장이 들어서고, 가축의 사료로 쓰일 콩밭이 만들어졌다.

아마존에는 숲에서 나고 자란 원주민들이 산다. 2020년 4월, 학교에서 아이들을 가르치다 숲을 지키는 운동가가 된 제지코 과자라(Zezico Gujajara)가 총에 맞아 죽은 채 발견되었다. 그는 '숲의 수호자'라는 단체에서 활동하며 아마존의 불법 벌목과 환경 파괴를 막아내는 활동을 해왔다. 아마도 불법 벌목 사업에 고용된 브라질 벌목 마피아가 그를 살해했을 것으로 추측한다. 이렇게 죽임을 당한 사람이 제지코뿐 아니다. 몇백 명이 넘는다는 보고도 있다.

아마존의 불은 폭력을 휘두르는 갱단과 부패한 정치인, 개발을 주장하는 정부의 비호 아래 더욱더 거세지고 있다. 숲의 파괴는 아마존의 원주민에게만 닥친 불행이 아니다. 한 연구에 따르면, 아마존 열대우림의 파괴가 시에라네바다 산맥의 만년설을 절반이나 녹여버릴 수 있다고 한다. 숲이 만들어낸 수증기는 물 순환 과정에서 물방울로 응결되어 구름이 되면서 에너지를 내보낸다. 숲이 사라지면 대기는 에너지를 공급받지 못하고 냉각된다. 그 영향이 남반구 전체의 대기 흐름에 영향을 끼쳐 북반구 캘리포니아에 있는 높은 산의 빙하를 녹일 수도 있다. 파괴되는 숲의 규모가 크면 클수록 더 많은 양의 탄소가 대기 중으로 방출될 것이다. 한 연구는 열대우림의 60%가 황폐해질 경우 5~6년 동안 전 세계에서 배출하는 화석 연료 배출량과 같은 양의 이산화탄소가 배출될 것이라고 전망했다. 숲이 이산화탄소의 저장소에서 배출소가 되어버리는 것이다.

지구에 1조 그루의 나무를 심어 기후변화를 막자는 제안이 있다. 1조 그루의 나무 심기는 놀라운 일이다. 현재 전 세계의 나무는 약 3조 그루 정도다. 그러나 잠시 멈추어 생각할 것이 있다. 어디에 이 나무를 심을 것인가? 툰드라나 사바나처럼 나무가 없는 곳에? 툰드라, 사바나와 숲 중 어느 쪽이 더 효율적으로 태양복사에너지를 반사할까?

숲은 알베도가 낮다. 숲의 짙은 녹색은 태양복사에너지를 잘 흡수한다. 그러므로 툰드라나 사바나에 나무를 심으면 고위도 지역에서는 단기적으로 지구의 기온이 더 올라갈 가능성이 있다. 또 오래된 나무를 없애고 어린 나무를 심어야 한다는 주장이 있다. 나무는 자라는 데 긴 시간이 필요하다. 물론 어린 나무는 호흡량에 비해 광합성 양도 많다. 그에 비해 나이 많은 나무는 잎이 줄어들면서 광합성을 하지 못하는 줄기, 가지 등이 차지하는 비율이 늘어난다. 하지만 오래된 나무는 효율은 떨어지지만, 광합성을 할 수 있는 잎의 전체 양은 더 많다. 직경이 100cm인 나무는 지속적으로 성장하며 매년 더 많은 가지를 키우고 더 많은 잎을 틔워, 직경이 10~20cm인 나무를 매년 새로 심는 것과 같은 광합성 효과를 낼 수 있다. 어린 나무가 잘 자라려면 숲이 우거져야 한다. 동물, 식물, 박테리아, 균사 그리고 층을 이루는 여러 나무들이 더불어 있어야 어린 나무가 양분과 수분을 공급받으며 잘 자란다. 숲은 더불어 살며 깊어지고 건강해진다. 마지막으로, 나무나 숲은 대기 중 탄소를 영구히 없애지 못한다. 나무도 사람처럼 언젠가 죽는다. 나무는 분해되면서 평생 동안 저장했던 탄소를 다시 대기로 돌려보낸다. 그래서 가능한 한 나무로부터 얻은 목재를 잘 활용해야 한다.

기후위기 시대의 우리에게 필요한 것이 오래된 숲을 없애고 어린 나무를 심는 것일까? 나무가 자라지 않는 곳에 대규모로 나무를 심는 일일까? 화석 연료를 제한 없이 사용하면서 아무 곳에나 많은 나무를 심는 행위는 당장의 기후위기를 해결하는 데 도움이 되지 않는다.

바다
숲

가지가 쭉 뻗어 내려 뿌리가 된다. 허공에서 내려온 뿌리는 호흡을 담당한다. 여러 열대 지역에서 빼곡히 자라는 맹그로브는 해안가에서 숲을 이루고 있다. 맹그로브의 뿌리는 서로가 서로를 단단히 붙잡고서 매일 반복되는 밀물과 썰물을 견뎌낸다. 철벅거리는 물속에 잠겨 있으면서도 죽지 않는다.

맹그로브는 '나무'를 가리키는 말이 아니다. 아열대·열대 해변이나 강이 바다와 만나는 하구 습지의 짠물에서 무리 지어 발달한

'숲'을 말한다. 맹그로브를 이루는 나무들은 산소를 확보하기 위해 물 위에서부터 뻗어 나와 땅에 박혀 있는, 가지처럼 생긴 뿌리가 있다. 호흡을 담당하는 뿌리의 껍질은 남다른 역할을 하는 몇 개의 층으로 이루어져 있다. 가장 외곽의 껍질은 아주 적은 양이지만 (-)전기를 띠고 있다. 바닷물 속에서 소금은 (+)전기를 띠는 나트륨이온과 (-)전기를 띠는 염화이온 상태로 있다. (-)전기를 띠는 뿌리는 같은 전기를 띠는 염화이온을 밀어내고, (+)전기를 띠는 나트륨이온을 뿌리의 겉껍질에 붙잡아둔다. 뿌리의 두 번째 층에는 작은 구멍이 많이 있는데, 이 구멍에서는 물 분자보다 큰 나트륨이온을 걸러낸다. 그래서 맹그로브의 나무는 90% 이상 염분이 제거된 물을 흡수할 수 있다.

맹그로브의 나무는 열대에서 무려 30m 높이까지 키를 키우며 높고 울창한 숲을 만들기도 한다. 맹그로브를 이루는 나무의 종류는 100여 종에 이른다. 맹그로브의 나무들은 아기를 낳듯이 번식한다. 꽃이 진 뒤 맺는 열매에서 시간이 지나면 뿌리가 나온다. 그 뿌리 끝부분에서 돋아난 새싹이 물속으로 떨어져 떠다니다 적당한 장소에 뿌리를 박고 자라기 시작한다. 육지와 바다의 다양한 퇴적물이 모이기 때문에 맹그로브는 영양을 섭취하려는 여러 해양 생물에게 아주 좋은 서식지가 된다. 게다가 복잡하게 얽힌 뿌리 구조 덕분에, 숨바꼭질처럼 먹잇감을 찾아 어슬렁거리는 바닷속 포식자로부터 몸을 숨길 수 있다. 조개, 망둑어, 게, 고둥, 따개

비뿐 아니라 박쥐까지 집으로 삼는다. 먹잇감이 풍부하니 돔처럼 큰 물고기도 자주 맹그로브를 방문한다.

지구의 기온이 올라가면서 맹그로브가 온대 지방의 해안까지 확대될 가능성이 커졌다. 참 다행이다. 지구의 기온이 올라가면서 점점 높아지는 해수면, 점점 힘이 세지는 폭풍과 해일 때문에 해안가의 토양이 쓸려 없어지고 침수되었다. 이런 상황에서 뿌리와

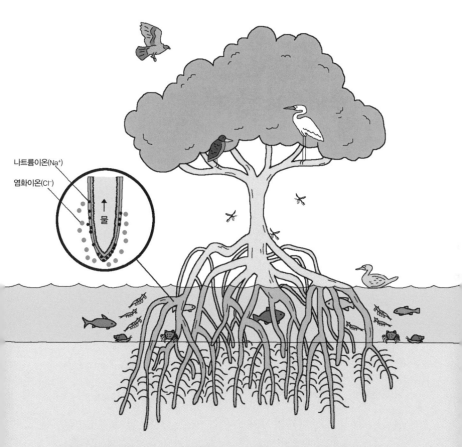

나트륨이온(Na⁺)
염화이온(Cl⁻)
물

• 맹그로브는 특별한 뿌리 구조의 작용으로 바다에서도 90%의 소금을 걸러낸다. 맹그로브는 해양 생태계에서 서식처와 먹이를 제공하고, 해안가의 침식을 막아준다.

가지로 땅을 움켜잡고 자라는 맹그로브는 해안가 침식을 막을 수 있는 천연 방파제다. 그뿐 아니라 해양 생태계 자원을 보존할 수 있는 안락한 안식처이다. 물의 오염을 막아주기도 한다. 다른 숲과 달리 맹그로브는 탄소 배출원으로 뒤바뀔 위험이 덜하다. 왜냐하면 맹그로브의 나무들이 자라면서 흡수한 탄소는 나무들이 죽은 뒤 바닷물 속에 퇴적되기 때문이다. 물속에서는 유기물이 잘 분해되지 않는다. 분해자 역할을 담당하는 미생물이 산소가 부족한 물속에서 잘 활동하지 못하기 때문이다.

요즘은 기후변화를 막자는 이야기와 함께, 기후위기로부터 받는 충격을 어떻게 하면 줄일 수 있을까, 어떻게 하면 충격을 덜 받고 적응할 수 있을까에 관해 논의한다. 이런 물음에 좋은 답을 주는 것이 맹그로브이다. 높아지는 해수면으로부터 바닷가의 땅이 쓸려 내려가는 것을 막고, 살아서는 탄소를 흡수하고 죽어서는 탄소를 바닷속 땅에 묻어버린다.

그러나 맹그로브라고 무사하지는 않다. 지난 50년간 세계 맹그로브의 1/3이 사라졌다. 특히 인도, 필리핀 그리고 베트남에서 맹그로브가 50% 사라졌다. 북미 대륙에서는 열대우림보다 더 빠른 속도로 맹그로브가 사라지고 있다. 맹그로브가 사라지는 이유는 관광 개발, 새우 양식과 염전을 만들기 위한 개간 때문이다. 식탁 위에 오르는 통통하고 커다란 블랙타이거 새우는 의외로 값이 저렴하다. 대부분의 블랙타이거 새우가 맹그로브를 밀어내고 만든

양식장에서 대량으로 생산된다.

이미 전 세계 산호초의 숲이 대부분 사라지면서 해안의 침식을 막는 1차 방어막이 뚫렸다. 백화 현상으로 죽어가는 산호초 뒤에 맹그로브가 홀로 남겨졌다. 우리가 식탁에서 통통한 새우를 값싸게 먹는 동안 맹그로브 또한 사라지고 있다. 게다가 이미 높아진 해수면은 맹그로브 나무의 호흡에 영향을 주고 있으며, 해양에서의 빈번한 기름 유출 사고는 맹그로브 뿌리의 숨구멍을 막고 있다.

기후변화와
숲에 대한 오해

숲은 많은 탄소를 저장하고 있다. 나무와 토양, 그리고 그 속에 살고 있는 미생물은 탄소를 배출하기도 하고 흡수하기도 하면서 저장 양을 유지한다. 일부 과학자들은 나무를 더 심어 숲의 면적을 확대하는 것이 기후변화를 막는 데 큰 도움이 되지 않는다고 말한다. 숲은 태양복사에너지를 반사하는 알베도가 낮다. 온도가 높아질수록 호흡량은 더 많아진다. 또 나무들에서 나오는 휘발성 유기화합물이 오존을 만드는 데 기여한다. 오존 또한 지구의 기온을 올리는 온실가스이다. 나무가 산소를 생산해내는 것은 맞지만, 만들어낸 산소의 상당량을 호흡으로 사용해버린다. 숲이 추가적으로 탄소를 줄일 수 있는지 없는지는 여전히 논란거리이다. 그러나 절대로 변하지 않는 것은 숲이 파괴되면 대기 중으로 많은 양의 탄소가 풀려나 기후변화가 질주하게 된다는 사실이다. 그리고 숲이 파괴되면 토양 속에 머물던 탄소가 풀려날 것이다. 나무는 다시 자라겠지만, 나무가 숲이 되고 숲의 토양이 다시 탄소를 저장하는 것은 쉽게 다시 볼 수 없을 것이다. 숲은 파괴되어서는 안 된다. 숲은 보살펴야 숲이 된다.

숲은 지구 생태계의 많은 식구들이 살고 있는 보금자리이다. 우리 눈에 보이든 보이지 않든 곤충, 미생물을 포함해 많은 식구들이 더불어 살고 있다. 숲은 식탁 위에서도 빛을 낸다. 표고, 느타리, 영지버섯과 나물, 인삼, 산삼 등은 모두 깊은 숲에서 나왔다. 송이버섯은 항상 나무 아래에 살포시 숨어 있다. 송이가 나무 아래에 있는 까닭은 나무와 함께 공생하기 때문이다. 거대한 나무의 뿌리가 닿지 못하는 곳까지 균사(곰이실)가 파고 들어가 양분을 가져와 식물에게 전한다. 그리고 다른 병원균이 나무의 뿌리를 통해 침투해 오는 것을 막는다. 균사는 나무의 또 다른 뿌리가 되어 땅속에서 나무와 나무를 연결하고 있다. 땅속의 인터넷인 셈이다. 나무들은 균사로 연장된 또 다른 뿌리를 통해 서로 양분을 나누고 병원균의 침투를 막아내며 더불어 살고 있다. 이러한 균사의 노동에, 나무는 광합성으로 만든 탄수화물을 나눠주는 것으로 감사를 표한다.

산비탈의 붕괴를 막는 것은 나무의 뿌리이다. 내린 비를 그냥 흘려보내지 않고 저장했다가 천천히 흘려보내는 것도 나무이다. 낙엽수로 이루어진 숲은 초지에 비해 14배나 많은 물을 저장하는 거대한 댐이다. 우리나라의 숲은 1년간 소양강댐 10개보다 많은 193억t의 물을 저장한다. 오염된 공기와 오염된 물을 정화하는 것도 숲이다. 바람과 따가운 햇빛을 막아 지친 우리들에게 초록의 쉼을 선물하는 것도 숲이고, 우리를 비롯한 많은 생물들의 보금자리가 되어주는 것도 숲이다.

늘어난 학교 급식의 육류 소비를 위해, 가축에게 사료를 공급하기 위해, 늘어난 새우 소비를 위해, 늘어난 관광 산업을 위해, 팜유를 생산하기 위해, 석유나 석탄을 캐기 위해, 광산을 만들기 위해 숲을 없애는 행위는 미래를 끌어다 현재를 사는 짓이다.

깊은 숲일수록 더불어 산다. 숲이 깊어지기 위해서는 오랜 시간이 필요하다. 숲이 깊다는 것은 오래도록 스스로를 지켜냈다는 뜻이다. 숲이 오랜 시간을 버텨낼 수 있었던 것은 더불어 살았기 때문이다. 우리도 더불어 살며 오래도록 내일의 지구를 살아야 하지 않을까.

에필로그

그 후 100년

지난
100년간

지난 100년간 지표상의 기온은 올라가고 있다.

　지난 100년간 바다 위 공기의 온도도 올라가고 있다.

　지난 100년간 북극 바다 위의 얼음은 줄어들고 있다. 여러 학자들이 계산기를 두드리며 오늘내일, 아니면 2050년에는 북극해의 얼음이 모두 사라질 것이라고 예견했다. 언제인지보다 중요한 것은, 분명히 그 일이 일어난다는 점이다.

　지난 100년간 만년설이 계속해서 녹고 있다.

　지난 100년간 해수면이 상승하고 있다.

　지난 100년간 습도가 증가하고 있다.

　지난 100년간 바닷물의 열 함량이 늘어나고 있다.

　지난 100년간 해수 표면의 온도가 올라가고 있다.

　지난 100년간 눈 내리는 양이 줄어들고 있다.

지난 100년간 대기권의 하층부인 대류권의 온도가 올라가고 있다.

지난 100년간 산불 발생일수가 늘어나고 있다.

지난 100년간 우리나라의 계절 시작일이 봄은 13일, 여름은 10일 빨라지고, 가을과 겨울은 각각 9일, 5일 늦어졌다.

지난 10년간
(2010~2019)

지난 10년간 해수면은 꾸준히 높아져, 2018년의 지구 평균 해수면은 위성 기록 역사 중 가장 높았다.

지난 10년간 북극 바다 위의 얼음은 1981~2010년 평균 기준 13% 사라졌다.

지난 10년간 중국과 미국이 세계 탄소 배출량의 40%를 배출했다.

지난 10년간 한국은 탄소 배출량이 꾸준히 증가하였고, 2019년 탄소 배출량은 세계 9위이다. 일부에서는 한국을 '기후악당'이라고 부른다.

지난 10년간 지구 평균 기온이 0.2℃ 올라 산업화 이전보다 1.1℃ 높아졌다.

지난 10년간 전 세계는 지구 역사상 가장 더운 10년으로 기록되었다. 2019년에는 기상과 관련한 최고 기록 400개가 북반구에서 갱신되었다.

지난 10년간 가뭄, 폭풍, 홍수, 냉해, 산불 등 기상 관련 재해 비용이 증가했다.

지난 10년간 25ppm의 이산화탄소가 대기 중에 증가했다.

지난 10년간 나이지리아와 콩고를 포함해 아프리카와 아시아의 95%의 도시들이 극단적인 기후위기에 직면했다.

지난 10년간 재생에너지의 가격이 낮아졌다. 태양광이 1MWh당 40달러로 가장 싸고, 그다음은 풍력, 천연가스, 태양열, 석탄, 원자력 순이다(미국 기준).

지난 10년간 석탄 화력발전소의 스위치를 끄는 곳이 많아졌고, 스웨덴과 오스트리아에서는 2020년 마지막 석탄 화력발전소의 스위치를 껐다.

앞으로
10년간

앞으로 10년간 우리는 서로를 더 많이 이해하고 안아주며 버틸 수 있는 의지를 길러야 한다.

앞으로 10년간 탄소 배출량을 절반 가까이 줄여야 한다.

앞으로 10년간 우리 생활의 모든 영역에 걸쳐, 이전에는 한 번도 경험해보지 못한 크고 빠른 변화를 만들어야 하고, 여기에 동참해야 한다.

앞으로 10년간 강력한 정책을 촉구하는 시민의 역할을, 윤리적 소비를 실천하는 시민의 역할보다 한발 먼저 앞세워야 한다.

앞으로 10년간 적극적으로 탄소 감축을 위한 정책을 입안할 것을 정부에 강력히 촉구해야 한다.

앞으로 10년간 시민과 소비자로서 정부와 회사, 학교에 필요한 시스템 전반을 바꾸도록 강력하게 압박해야 한다.

앞으로 10년간 선거는 기후위기를 바르게 인식하여 정책을 펼치는, 그런 정치인을 선출하는 기회가 되어야 한다.

앞으로 10년간 화석 연료를 기반으로 하는 사업의 주식을 사는 것을 피하고, 탄소 배출량이 많은 사업에 투자하는 은행과 거래를 하지 말아야 한다. 시장을 바꾸어야 한다.

앞으로 10년간 에너지를 풍력, 태양광, 바이오 에너지 등으로 변경해야 한다. 재생에너지의 가격은 경쟁력이 있을 정도로 이미 낮아졌다.

앞으로 10년간 사회 전반을 급격하게 뒤바꾸는 데 필요한 연구에 국가의 예산이 집행되도록 촉구해야 한다.

앞으로 10년간 집과 회사와 학교의 전등을 에너지 효율 등급이 높은 것으로 모두 교체해야 한다. 학교 전등을 에너지 효율이 높은 것으로 교체할 것을 학생회를 통해 정식으로 학교운영위원회에 요구해야 한다.

앞으로 10년간 자가용을 타는 횟수를 절반으로 줄이고, 자동차는 주차장에 세워두고 꼭 필요한 경우에만 운전하는 습관을 들여야 한다. 자동차는 어쩔 수 없는 경우에만 이용하는 교통수단이라는 사회적 인식을 심어야 한다.

앞으로 10년간 비행기를 이용해서 이동하는 횟수를 절반으로 줄이고, 기차 여행 등의 대안을 선택해야 한다. 국제회의는 온라인으로 대체해야 한다.

앞으로 10년간 패션 유행을 패스트 패션이 아니라 슬로 패션으로 만들어야 한다. 버리는 옷이 일으키는 기후변화를 줄여야 한다.

앞으로 10년간 재생에너지를 이용하여 생산한 제품을 구매해야 한다.

앞으로 10년간 꼭 자동차를 새로 사야 한다면 디젤이나 휘발유 자동차가 아닌 전기 자동차나 하이브리드 자동차를 구입해야 한다.

앞으로 10년간 에너지를 많이 사용하는 육식, 메테인을 대량으로 발생시키는 육류 대신 채식 위주의 식단을 늘려나가야 한다. 학교 급식 메뉴를 변경하는 전교 학생회의를 조직하고 의결해 메뉴를 변경해야 한다.

앞으로 10년간 메테인을 대량 뿜어내는 소에서 얻는 유제품인 우유, 치즈, 버터의 섭취를 절반으로 줄여야 한다.

─────────── 에필로그 ───────────

앞으로 10년간 냉장고 등에 사용되는 냉매로 HFCs가 쓰이는지 확인하고, 정부가 냉매 교체를 지원할 수 있도록 행동해야 한다.

앞으로 10년간 점점 심해지는 기후변화로 인한 피해를 줄이기 위해 주변 이웃을 살펴야 한다.

앞으로 10년간 점점 심해지는 기후변화로 인한 피해를 줄이기 위해 사회 곳곳을 살펴 정비하고, 고쳐야 한다.

앞으로 10년간 우리는 이러한 실천을 하며 자신의 경험을 주변 사람들과 나누고 그들을 설득해야 한다. 그래서 30년 후 순 탄소 배출량이 제로가 되도록 해야 한다.

그래서 지금 우리는 뭐든, 뭐라도 당장 해야 한다. 기후변화가 일상이 되어버리고, 기후위기가 재앙이 되어 나와 가족과 이웃이 입을 절망스러운 피해를 조금이라도 줄이기 위해. 먼 나라의 산불이 또 다른 시간과 장소에서 재현되며 절망의 데자뷔가 되는 것을 줄이기 위해. 신발끈을 야무지게 묶자. 서둘러야 한다.

1.5℃여야 하는 까닭

과학자들의 관측 결과에 따르면, 산업화 이전(1850~1900년)보다 2006~2015년 동안 0.75~0.99℃ 정도 지구 평균 표면 온도가 상승했고, 2020년 최소 1.1℃ 상승했다. 이대로 간다면 2030~2052년 에는 1.5℃, 2100년에는 3℃ 이상 오를 것이다. 과학자들은 4℃ 상승하면 상상할 수 없는 재앙이, 6℃ 상승하면 거의 모든 생물종이 멸종에 이를 것이라고 한다.

IPCC는 기후변화와 관련하여 과학적 점검을 하는 과학 전문가들과 정부의 관련 부처 담당자들로 이루어져 있다. 2015년 파리협정을 이끌어내는 데 바탕이 된 IPCC 5차 정기보고서(AR5)에는 80개 이상의 국가에서 800명 이상의 과학자가 저자 팀으로 선정되었고, 1,000명의 기여저자, 1,000명 이상의 전문가 검토자가 참가했으며, 3만 편 이상의 과학 논문을 평가하여 만들었다고 한다. 왜 IPCC가 파리협정이 있은 3년 후 한국의 인천 송도에 모여 특별보고서를 발표했을까?

2015년도 파리협정 당시 산업화 이전 대비 2℃ 상승 제한이라는 목표에 투발루를 비롯한 섬나라를 중심으로 2℃가 아니라 1.5℃가 되어야 한다는 강한 주장이 있었다. 파리협정의 문구는 '2℃보다 훨씬 아래(well below)로 유지하고, 더 나아가 1.5℃ 이하로 제한하도록 노력'으로 수정 채택되었다. 그리고 IPCC에 1.5℃ 목표의 영향, 감축 경로 등을 평가하는 1.5℃ 특별보고서 작성을 정식으로 요청했다. 이후 3년 동안 수많은 자료와 연구 논문들을 검토한 후 특별보고서 '지구온난화 1.5℃'를 발표했다. 그 보고서의 정식 명칭은 아주 길다. 긴 제목에서 절박함이 묻어난다. '기후변화 위협, 지속가능한 개발 및 노력에 대한 전 세계의 대응을 강화하기 위해 산업화 이전 수준 또는 산업화 이전 온실가스 배출 경로보다 1.5°C 높았을 때 지구온난화 영향에 대한 IPCC 특별보고서.'

1.5°C와 2°C는
어떤 차이가 있을까?

2°C가 오르면 산호초가 100% 가까이 사라진다. 해수면은 거의 1m 가까이 높아진다. 곤충뿐 아니라 척추동물도 15% 넘게 멸종한다. 기후대가 달라지며 생태계 자체가 변해버리는 면적도 13%나 될 것이다. 10년마다 북극에선 얼음이 사라질 것이고, 우리 앞바다에서 더 많은 물고기들이 사라질 것이다. 물론 우리의 식탁에서도.

1.5°C가 되면 세상은 어떤 희망의 메시지를 받을까? 산호초가 사라지지 않고, 우리 앞바다의 어획량도 줄어들지 않고, 해수면도 높아지지 않고, 그린란드에서 얼음왕국이 건재할까? 절대 그렇지 않다. 우리는 지금 내일의 지구를, 미래의 시간을 살고 있다. 우리가 산업사회로 들어서면서 만들어낸 이산화탄소는 대기에서 지금 우리의 기후를 흔들어놓고 있다. 우리가 기후를 걱정하며 지금도 만들어내고 있는 이산화탄소가 내일의 지구 기후를 결정한다.

대기, 해양, 빙하, 숲, 토양 등 우리의 지구는 원래의 특성상 변화가 일어나기도 쉽지 않지만 변화가 일어난 것은 오래도록 지속된다. 이미 우리는 내일의 지구를 결정해버렸다. 그러므로 2℃에서 1.5℃가 된다고 해서 세상이 쨍하고 바뀌는 마법은 일어나지 않는다.

하지만 산호가 완전히 사라지는 것은 막을 수 있다. 세상에서 산호와 함께 완전히 사라질 많은 동물들을 일부 살릴 수 있다. 해수면의 상승도 10cm 정도 줄일 수 있다. 그린란드에서 거대한 얼음이 사라지는 것을 막을 수 있다. 탄소 배출량을 규제하지 않을 경우 다음 빙하기가 돌아올 때까지 인류는 다시는 그린란드에서 얼음을 볼 수 없을 것이다. 세계의 해안가에 사는 1,000만 명의 사람들을 위험에서 구할 수 있는 시간을 더 벌 수 있다. 물론 여전히 기후변화는 지속될 것이고 내일은 오늘보다 나빠질 것이다. 그러나 지금 손 내밀어 붙잡으면, 지구라는 배에서 떨어져 캄캄한 나락으로 사라질 생명들과 존재들을 더 구할 수 있다. 그래서 1.5℃여야 한다.

2050년에는 이산화탄소의 방출량이 흡수되는 양과 같아져 실제 대기 중에 증가하는 이산화탄소의 양을 0으로 만들어야 한다. 가능하면 자연에 어떤 영향을 줄지 검증되지 않은 탄소 저장 기술이나 포집 기술을 사용하지 말아야 한다. 지구와 우리와 우리의 이웃을 위험으로부터 좀 더 많이, 좀 더 안전하게 피신시키기 위해 우리가 벌어야 하는 시간을 얻는 것이다. 위기 앞에서 시간을 버는 것은 매우 중요한 일이다. 그 시간 동안 다시 그다음 미래가 서서히 회복되도록 방향키를 돌려야 한다.

　이상한 뉴스를 접했다. 노르웨이 서부의 순달쇠라 마을의 1월 2일 기온이 19℃였단다. 남반구가 아닌 북반구에서, 1월 평균 기온이 영하 6℃인 곳의 기온이 평균보다 25℃ 높은 19℃였단다. 서두르자. 모든 기회가 다 사라지기 전에.

성공의 경험
몬트리올 의정서

바람이 달라졌다는 소식이 들려왔다. 2000년대 이전에는 지속적으로 남반구 중위도의 제트기류가 남극 쪽으로 몰리고, 열대의 무역풍, 열대우림, 허리케인 및 아열대 사막에 영향을 주던 대기의 순환 세포인 해들리 세포가 넓어지고 있었다. 그런데 그런 경향이 바뀌기 시작했다. 1987년 전 세계가 합의해 오존층 파괴 물질인 CFC(프레온)의 생산을 금지하기로 한 몬트리올 의정서 덕분이다. 대기를 떠돌던 CFC 가스가 줄어들자 서서히 오존층이 회복되면서 대기의 순환에도 좋은 영향을 주었다고 콜로라도대학 연구팀이 밝혔다.

　몬트리올 의정서는 환경 문제에 있어서 성공을 이끌어낸 국제

협약의 시그니처로 여겨지고 있다. 인류가 스스로 만든 파괴를 복구하기 위해 협의하고 실행하여 성공을 거둔 최초의 국제협약이다.

1937년 CFC 가스를 화학자 토머스 미즐리(Thomas Midgley, Jr.)가 처음 발명했을 때 세상의 반응은 뜨거웠다. 프레온, 염화플루오린화탄소로 불리는 플루오린과 염소의 인공적 합성물인 CFC 가스는 폭발의 위험이 있던 냉장고의 기존 냉매를 대체했다. 집 안에서 안전하게 냉장고를 사용할 수 있다는 사실만으로도 세상은 CFC 가스를 열렬히 환영했다. 또 CFC 가스는 만병통치약처럼 가정용뿐 아니라 군수 산업용으로도 두루 활용되었다. 머리 스타일을 고정하는 헤어스프레이, 살충제 스프레이, 겨드랑이 탈취제 스프레이 등의 압축제로, 냉장고, 차량, 선박의 냉매, 그리고 전자제품의 세정제와 플라스틱 제품의 모양을 만드는 발포제 등으로 널리 쓰였다.

처음 이 가스가 세상에 나왔을 때 미즐리는 학회에 모인 과학자들 앞에서 이것을 깊게 들이마셨다. 그러고는 줄지어 불이 켜져 있는 초에 다시 뱉어냈다. 촛불들이 차례로 꺼졌다. CFC 가스가 인체에 무해하며 폭발하지 않는다는 사실을 인상 깊게 전달했다. 하지만 너무나 안정적인 것이 오히려 문제가 될 줄은 몰랐다. 40여 년이 흐른 뒤 남극 상공에서 오존층에 큰 구멍이 생긴 것을 뒤늦게 발견하기 전까지는. 1974년 파울 요제프 크뤼천(Paul Jozef

Crutzen)과 마리오 호세 몰리나(Mario José Molina), 프랭크 셔우드 롤런드(Frank Sherwood Rowland)는 CFC 가스의 오존층 파괴로 자외선을 막아내지 못해 피부암이 증가하는 등 지구 생태계가 큰 영향을 받을 것이라고 발표했다.

지나치게 안정적인 이 가스는 남극 상공의 성층권까지 온전하게 이동한다. 이 가스는 양은 적지만, 남극 상공뿐 아니라 전 세계의 모든 대기에 퍼져 있었다. 그러나 남극의 대기는 세상에서 가장 온도가 낮다. 그곳에서 만들어진 차가운 구름이 화학 반응이 일어날 수 있는 표면을 제공한 덕에 CFC 가스가 자외선에 의해 손쉽게 분해된다. CFC에서 떨어져 나온 염소는 그곳에 있는 산소 원자가 3개나 붙어 있는 오존에서 쉽게 산소 원자 하나를 낚아채 일산화염소로 바뀐다. 그 결과 오존이 파괴된다. 그런데 문제는 이 반응에 참여한 염소가 다시 일산화염소에서 산소 원자를 떼어내고 염소로 돌아가 버린다는 점이다. 원래의 모습으로 돌아온 염소는 새로운 오존을 파괴하고 다시 염소로 돌아오기를 수천 번이나 반복한다. 실험실에서 기적의 물질과도 같은 안정성을 자랑하던 CFC 가스가 털끝 하나 안 다치고 상공 25km까지 올라가 오존층에 구멍을 낸다.

불행 중 다행으로 이 발표가 있던 때는 미국을 중심으로 평화, 사랑, 자유의 정신을 바탕으로 하는 히피 문화와 함께 베트남 전쟁 반대운동, 환경보호운동, 여성평등운동 등 저항운동이 번지고 있었다. 변화를 두려워하지 않는 시민들과 이에 호응해 발 빠르게 움직이는 언론들이 있었다. CFC 가스와 오존층 파괴 문제가 드라마의 소재로 등장할 정도였다. 시민들을 중심으로 집 안에서부터 CFC 가스를 이용하는 스프레이 제품의 사용을 중단하기 시작했다. 중앙정부는 움직이지 않았으나 지방정부를 중심으로 CFC 가스 사용 제품 판매 금지가 결정되었다. 하지만 이 가스로 이윤을 얻는 듀폰과 같은 거대 기업들과 보수주의 성향의 정부 관료들은 끄떡도 하지 않았다. 오히려 CFC 가스의 문제점을 알린 과학자들을 은밀하게 움직이는 소련의 간첩, KGB 정보원으로 몰아세웠다. 가뜩이나 어려운 경제를 위기에 빠뜨리고 시민을 선동한다며 비난했다.

당시에는 과학자들의 주장이 실제 데이터로 증명되지 못했다. 그러다 남극의 대기를 꾸준히 관측하던 영국의 과학자가 남극의 오존층이 심각하게 훼손된 것을 발견했다. 뒤이어 1985년 나사에서 남극 상공의 오존층에 커다란 구멍이 이미 생겼고, 점차 크기가 커져 가고 있다는 사실을 공식적으로 발표했다. 하지만 이것이 CFC 가스 때문이라는 증거가 필요했다. 한 무리의 과학자들이 남극으로 갔다. 과학자들은 직접 비행기를 띄워 남극 상공의 오존층으로 비행했다. 그리고 비행 중에 모은 공기 샘플을 분석했다. 정상적인 오존층을 비행할 때 모은 공기 샘플에서는 염소와 오존의 농도가 크게 변하지 않았다. 그러나 비행기가 오존 구멍에 가까이

가자 염소 농도는 치솟고 오존 농도는 급격하게 감소했다. 오존에 구멍을 내는 범인이 바로 염소라는 사실이 증명되었다.

1987년 9월 16일 캐나다의 몬트리올에서 세계 각국의 정부 관료들이 모였다. 즉각 CFC 가스의 사용 규제 및 생산 금지에 동참할 것을 모두 약속했다. 몬트리올 의정서는 유엔 역사상 전 세계의 승인을 받은 최초의 조약이다. 유럽연합과 196개국이 참여하고 있으며, 이러한 노력으로 1990년대 중반부터 대기 중 CFC 가스 농도가 줄어들기 시작했다. 2016년에는 CFC 가스의 대체 물질로 사용되어왔던 초강력 온실가스인 수소플루오린화탄소(HFC)를 감축하는 개정안에 197개국이 사인했다.

공룡이 될 순 없잖아요

몬트리올 의정서는 지구를 위기에서 구한 귀중한 승리의 경험이다. 그렇다면 몬트리올 의정서는 어떻게 성공할 수 있었을까? 깨어 있는 시민, 발 빠른 언론의 역할, 행동하는 양심적인 과학자들의 부단한 노력, 부인할 수 없는 명백한 증거, 그리고 가정에서부터 일반 시민들이 쉽게 참여할 수 있는 방법들, 지방정부의 독립적인 행동, 국제기구의 강력한 리더십, 대체 물질의 개발. 이것들은 기후변화를 막는 지금 우리 세계와 우리와 우리의 이웃들이 실천하고 있는 일이지 않은가? 또 기후변화라는 재앙이, 거대한 외계 행성이 지구로 떨어져 지구가 멸망하는 것과 같은 손 써볼 길 없는 재앙은 아니지 않는가?

대체로 과학자들은 중생대 공룡의 멸종은 외계 행성의 지구 충돌로 인해 일어난 기후 냉각 등과 관련이 있다고 보고 있다. 지구는 이미 다섯 번의 대멸종 사건을 경험했다. 그리고 그때마다 생태계의 가장 꼭대기에 위치한 종은 확실하게 사라졌다. 예외 없이. 생태계의 가장 꼭대기에 있다는 것은 그 개체와 종을 유지하기 위해 개체당 필요한 에너지가 가장 많다는 것이다. 그래서 마치 고층빌딩이 무너지는 것 같은 멸종 사건 때마다 최고층에 서식하는 종들이 깔끔하게 사라져버리는 것이다.

하지만 중생대의 공룡과 우리는 상황이 다르다. 공룡에게는 선택지도 없었다. 외계 행성의 충돌은 공룡들이 그 행성을 끌어당긴 것이 아니기 때문이다. 기후변화는 인간이 스스로 만들어낸 것이다. 그 원인도 잘 알고 있고, 해결 방법도 어느 정도는 알고 있다. 우리가 이제야 인정하기 시작한 이 과학적 발견 및 이론들은 이미 세상에 나와 있었다. 즉, 우리가 만들어냈고 우리가 알고 있으므로 행동을 취하면 된다. 무섭게 불을 뿜으며 우주를 가로질러 달려드는 천체의 불길한 방문을 바라만 보아야 하는 중생대의 공룡과 같은 상황은 아니라는 것이다.

물론, 내일 지구의 기후는 오늘의 기후보다 더 나빠질 것이 분명하다. 하지만 서서히 회복할 것이다. 내일을 이미 살고 있는 우리가 빚을 갚는 마음으로 열심히 깨어서 소리 내고 행동하는 한.

먼 미래의 지구에 한 통의 편지가 날아올 것이라고 믿는다.

"귀하의 노력에 박수를 보내며, 지구 대기의 탄소 농도가 서서히 줄어들기 시작했음을 알립니다. 진심을 다해 우주로부터."

내일 지구

1판 1쇄 발행 2021년 3월 5일 | **1판 6쇄 발행** 2023년 9월 10일
지은이 김추령 | **펴낸이** 임중혁 | **펴낸곳** 빨간소금 | **등록** 2016년 11월 21일 (제2016−000036호)
주소 (01021) 서울시 강북구 삼각산로 47, 나동 402호 | **전화** 02−916−4038
팩스 0505−320−4038 | **전자우편** redsaltbooks@gmail.com
ISBN 979−11−91383−01−0(03450)

• 책값은 뒤표지에 있습니다.